U0489629

大学生哀伤自助和干预手册

✝ 丧亲之痛与疗愈之旅 ☁

史光远 陈丽冰 季宣辰 著

清华大学出版社
北京

内 容 简 介

本书分为两个部分，第一部分为"大学生哀伤疗愈的自助指南"，第二部分为"大学生哀伤疗愈的专业探索"。第一部分中，首先针对哀伤的知识进行科学介绍，包括对哀伤的忽视和误解，以及如何正确认识哀伤和平衡哀伤与日常学习生活。其次讲述了哀伤平复的方法，包括调节哀伤反应、处理与逝者的关系，以及寻求帮助和帮助他人。第二部分，首先介绍了大学生哀伤的概念、理论基础和研究现状，同时详述了大学生哀伤的干预方法和实践案例，包括延长哀伤疗法、意义重建理论、双程模型、人际关系疗法、认知行为疗法等。

图书在版编目 (CIP) 数据

大学生哀伤自助和干预手册：丧亲之痛与疗愈之旅 / 史光远，陈丽冰，季宣辰著.
北京：清华大学出版社，2025.5. -- ISBN 978-7-302-69088-7

Ⅰ. B842.6

中国国家版本馆CIP数据核字第2025SH7356号

责任编辑：张维嘉
封面设计：潘　峰
责任校对：薄军霞
责任印制：刘　菲

出版发行：清华大学出版社
　　　　　网　　　址：https://www.tup.com.cn, https://www.wqxuetang.com
　　　　　地　　　址：北京清华大学学研大厦A座　　邮　　编：100084
　　　　　社 总 机：010-83470000　　　　　　　邮　　购：010-62786544
　　　　　投稿与读者服务：010-62776969, c-service@tup.tsinghua.edu.cn
　　　　　质量反馈：010-62772015, zhiliang@tup.tsinghua.edu.cn
印 装 者：大厂回族自治县彩虹印刷有限公司
经　　销：全国新华书店
开　　本：148mm×210mm　　印　　张：5.625　　字　　数：125千字
版　　次：2025年6月第1版　　　　　　　印　　次：2025年6月第1次印刷
定　　价：45.00元

产品编号：109613-01

　　本书的出版受到教育部人文社科研究青年项目（21YJC190013）和清华大学党的建设和思想政治工作研究专项（心理危机大学生的心理特点及对策研究）的经费支持。

推荐序

　　青春，是一场繁花簇拥的逐梦之旅，大学校园里，处处洋溢着欢声笑语和对未来的无限期许，这一切编织成生活最明媚的底色。可命运的阴霾总会不期而至，当丧亲之痛毫无预兆地袭来，大学生们纯真的世界瞬间天翻地覆，稚嫩的心灵在哀伤中苦苦挣扎，如何才能寻得慰藉与力量？

　　哀伤是一个跨学科最多的领域，学者们从生物、社会、心理以及宗教等多个领域进行研究和干预方面的探索。然而心理学角度的探索相对起步较晚，大约 2010 年前后，国际创伤领域的著名专家苏黎世大学的 Andreas Meicher 教授跟我提起"延长哀伤障碍"（Prolonged Grief Disorder, PGD），当时这个疾病名称已经正式被列入精神疾病诊断系统（ICD-11, DSM-5-TR）。从此，我与自己的研究团队开启了对哀伤的理论和干预的研究，在国家社科重点项目的支持下，培养了我国哀伤心理学领域的年青一代，史光远就是其中一位。十五年来，我们潜心钻研，从深入探究流行病学特征与病理机制，到致力于本土化评估工具的研发及跨文化差异研究，再到推动干预策略的实践转化与创新，我们始终在探索的道路上不断前行，力求突破。近年来，通过持续关注失独父母、疫情丧亲者及青少年丧亲群体，我们积累了一定的临床干预经验，也为他们提供了切实帮助。

我有幸担任史光远博士的博士生导师。他治学严谨认真，勤勉刻苦、赤诚向学，读博期间，便专注于复杂性哀伤对失独父母情绪注意偏向的影响及其脑机制研究，在学术的海洋里默默耕耘。从校园步入职场，即便工作繁杂，他也始终坚守对哀伤研究的热爱，不断开拓创新，挖掘新的研究视角，探索理论与实践的新路径。他的团队精心撰写的这本关于大学生哀伤疗愈的著作，填补了国内大学生群体哀伤干预的空白，意义非凡。

大学生正处在心理快速发展和人格塑造的关键节点，亲友的骤然离世，对他们而言，冲击尤为强烈。面对丧亲，他们不仅要在心理尚未完全成熟时承受这份巨大悲痛，还要面临学业、情绪、社交上的多重挑战。鉴于大学生哀伤反应及疗愈的独特性，现有的干预方案存在显著的实践困境：一是过于理论化，与大学生实际需求脱节，难以提供有效帮助；二是内容零散、缺乏系统性，无法全方位满足学生的心理支持需求。

本书科学介绍了哀伤知识，破除误解与迷思，深入剖析大学生丧亲哀伤的成因、表现和影响，让我们看清哀伤本质；同时，又饱含人文关怀，引导年轻人把每一次失去都当作心灵洗礼，当作走向成熟的契机，为在哀伤痛苦中徘徊的大学生照亮前行的道路。本书系统整合了延长哀伤疗法、意义重建理论、认知行为疗法等国际主流的哀伤干预模型，详细阐述理论，通过生动案例解析和对话片段展示实操路径，构建出符合我国文化语境的大学生哀伤干预体系。

在此，我真诚地向高校师生推荐这本书。对大学生而言，遭遇丧亲之痛、陷入迷茫痛苦时，书中的知识和实用方法可以帮助他们重获生活掌控感；对心理工作者，它兼具理论与实践价值，提供哀伤干预完整流程，可以根据不同学生的情况灵活应用理论，选择最适宜的治疗方案；对教育管理者，本书揭示哀伤支持系统的重要性，有助于校园心理健康建设。愿此书化作温暖的航标，指引年轻心灵在丧失与成长的激浪中破浪前行，驶向生命的辽阔之境。

王建平

2025 年 3 月

于北京

引言

作为一名大学生心理健康的工作者，我认识到一个重要的事实：大学生是一群朝气蓬勃的人，同时也是在不断经历丧失和发展的人。广义的丧失，例如友谊的结束、恋爱的分手，更接近于适应与发展的议题。对此，市面上有非常多的书籍和资源，各高校也都开设了大学生心理健康课程。狭义的丧失，常指丧亲，其实是高校学生和老师重要的生活和工作议题。然而，对于亲人、朋友的离世，更多是从心理危机和创伤干预方面进行理解和干预，缺乏哀伤方面的专业书籍。

2023年，教育部等十七部门印发了《全面加强和改进新时代学生心理健康工作专项行动计划》，其中提到要帮助学生学会理性面对困难和挫折，珍视生命。对于大学生来说，如果经历亲人的离世，很可能就是人生一次重大的挫折。哀伤，是一种深刻的、复杂的情感体验，是一种普遍的人类经验。然而，面对哀伤，大学生往往感到无助和困惑，不知道如何正确地理解和应对这种复杂的情感。如果大学生能够很好地应对哀伤，对于生命来说，是一次重要的成长。

我和两位作者陈丽冰、季宣辰，曾合作研究实践过大学生的哀伤辅导。现在，我仍记得当时的讨论充满了生命的省思和收获。2023年，我们讨论计划撰写本书，因为感到哀伤议题越发重要，我们也想结合自己的工作，为大学生写一本相关的书籍。

本书《大学生哀伤自助和干预手册——丧亲之痛与疗愈之旅》旨在为大学生提供关于哀伤疗愈的全面指南，并为专业的心理干预提供理论基础和实践方法。我们相信，通过正确的理解和适当的干预，哀伤可以成为个体成长和自我发现的契机。

在本书的第一部分，我们撰写了哀伤的自助指南。第一章《哀伤知识正解》将纠正对哀伤的常见误解，帮助我们正确认识哀伤的本质，并学习如何在哀伤与日常学习生活之间找到平衡。第二章《哀伤平复之路》则提供了具体的策略，教导我们如何调节哀伤反应、处理与逝者的关系，并在需要时寻求帮助。在第二部分，我们将进行专业理论的介绍和实践。第三章《大学生哀伤的理论基础》介绍了大学生哀伤的概念、理论基础和研究现状，帮助深入地理解哀伤。第四章《大学生哀伤的干预方法》则详细介绍了延长哀伤疗法、意义重建理论、双程模型等干预方法，每种干预方法都有理论、方案、案例对话，以期为专业人员提供详细务实的指导。

我们希望这本书能够成为大学生在哀伤旅途中的一盏明灯，不仅提供知识和工具，更带来温暖和希望。请记住，哀伤虽是生命的一部分，但它也是我们成长和变得更强大的催化剂。愿我们都能学会与哀伤和平共处，从中汲取力量，继续我们的青春之旅。

感谢王建平教授撰写的富有洞见的推荐序，也感谢李焰教授和崔丽霞教授撰写的热情洋溢的推荐语。

感谢清华大学出版社的大力支持和帮助，尤其对张维嘉编辑深表感谢。

最后欢迎读者提出宝贵的意见和建议，我们会认真记录，下一版时改进，我的邮箱是 guangyuan098@126.com。

欢迎翻开这本书，开始你的哀伤疗愈之旅。

史光远

2024 年 11 月

目　录

第一部分

大学生哀伤疗愈的自助指南

第一章　哀伤知识正解

第一节　对哀伤的忽视和误解

一、只有亲友离世才会导致哀伤吗？

哀伤是一种生理和心理反应，除了亲友离世，其他类型的丧失或变故也可能会引发这种反应。生活中，除了死亡性丧失，我们还会面临各种形式的模糊丧失（ambiguous loss），例如失业、家庭破裂、罹患疾病等。相对于死亡性丧失，模糊丧失对我们造成的影响往往更容易被忽略（Boss, 1999）。

朱迪思·维奥斯特（2012）在其著作《必要的丧失》中指出，人的一生，需要面对许许多多无法避免的丧失，例如失去、离别、放弃、疾病、被抛弃、梦想破灭、期望落空、韶华流逝等。对于大学生来说，除了亲人离世，可能会面临的丧失还包括分离、失恋、梦想破灭、期望落空、宠物死亡等。无论是生离死别，还是梦想破灭、痛失所爱，都可能会引发我们的哀伤与痛苦。

朱迪思·维奥斯特（2012）认为，丧失铺就了我们的成长之路。在面对这些无法避免的失去时，我们会逐渐学会面对和接受一个事实：生命中一定会有"永远无法实现的"和"永远无法拥有的"。然后，我们会一边经历，一边哀伤，一边哀悼，也一边成长。

二、不要打扰他，让他一个人静一静

沃登（2022）指出，一个人在哀悼的过程中感知到的来自他人的情感和社会支持非常重要。面对丧亲的朋友，我们可以表达关心和支持，对于对方独处或静静地处理情绪的意愿表示尊重。

需要指出的是，有一种"不打扰"是我们需要警惕的，即"不打扰"是出于我们的需要，而非丧亲者的需要。在我们从小到大接受的教育里，负面情绪的表达往往是不被鼓励、不受欢迎的。我们会习惯性地羞于表达负面情绪，也害怕面对他人的负面情绪。典型的例子是，小时候当我们伤心哭泣时，父母会说："不许哭。"长大以后，当我们没控制住自己的情绪而在人前伤心落泪时，就会下意识地感到羞耻，并表示抱歉："不好意思，没控制好情绪。"在面对朋友的悲伤时，很多人可能只会笨拙地劝慰"别伤心""别难过""别哭了"……而更多的人可能会选择小心地观察，谨慎地回避，不表达、不打扰。

面对亲人的离世，有的人可能需要一些时间独处来平复情绪，而有的人可能希望得到陪伴、倾听和支持。因此，对于丧亲的朋友，我们可以主动地表达支持和理解。当对方希望不被打扰时，我们应尊重并给予对方独处的时间和空间。同时，也要让对方知道我们就在他们身边，随时准备提供帮助和支持。

三、别难过，一切都会好起来的

在安慰别人时，很多人喜欢说"别难过，一切都会好起来的"。这样的表达，本意可能是向丧亲者传达乐观和希望。然而，对经历亲友离世的丧亲者来说，这样的安慰可能不是最好的选择。一方面，"别难过"可能会让丧亲者感到不被理解和不被接纳，从而压抑自己的悲伤情绪表达，否定自己的哀伤感受和哀悼行为；另一方面，"一切都会好起来的"更像是一种虚假的承诺。对丧亲者来说，悲伤可能是一个永无止境的过程。痛失所爱于他们而言，是永久的伤痛，是无法弥补的缺憾。这样的丧失，永远都无法"好"起来。

因此，在安慰朋友时，表达理解、陪伴和支持是更为重要和有效的方式。我们可以根据对方的需要，给予默默的陪伴，或者给予倾听、共情和支持，又或者给予一些力所能及的生活上的照顾和帮助。尽量不要试图使用一些简单、空洞的话语来劝慰对方。

四、时间会治愈所有伤痛

人们常说"时间会治愈所有伤痛"。持有这种观点的人认为，随着时间的推移，所有的伤痛和痛苦都可以被治愈。然而，在面对亲人离世的悲剧时，时间的流逝与哀伤的平复之间并非单一的线性关系。在经历死亡事件后，积极的自我调节、情绪宣泄、家庭支持和专业帮助等都非常重要。在应对丧亲之痛上，时间可能可以起到一定的作用，但并非所有的哀伤痛苦都能随着时间的推移而得到疗愈。甚至有些哀伤可能终我们一生都无法得到疗愈，我们只是逐渐学会了与哀伤和平共存。

研究表明，大多数人在亲人死亡后的几天到几个月内会出现强烈的哀伤反应。随着时间的推移，他们会逐渐接受亲人死亡的事实，积极投入生活，发展新关系、新角色，其哀伤反应会逐渐缓解，生活逐步回到正轨。然而，有近 10% 的丧亲人群会持续地陷入亲人离世的哀伤痛苦之中无法自拔（Lundorff et al., 2017；Iglewicz et al., 2020），甚至这种哀伤痛苦会对他们的生活、社交及工作等产生持续、长久的负面影响。在失独父母，以及因自杀、事故、凶杀等暴力性死亡而丧亲的成人中，这一比例更是高达 49%（Djelantik et al., 2020）。如果在死亡事件发生半年以上的时间后，丧亲者的哀伤痛苦仍迟迟不能平复，甚至有愈演愈烈的趋势，则很有可能是急性哀伤没有得到调适性的整合，因而演变为病理性哀伤。这种情况下，丧亲者需及时、主动地寻求专业人员的帮助。

五、我很好，我没事

在经历丧亲后，很多人会隐藏自己的真实感受，假装坚强。在面对他人的关心时，一边笑着说"我很好，我没事"，一边封闭自己，独自悲伤。大学生在校园里的人际关系以同辈为主，可能会基于以下几种原因，不愿意承认和展现自己的哀伤：（1）担心被异化，害怕自己因丧亲而显得与朋辈不同；（2）担心因袒露哀伤而被同情、被可怜；（3）不想让别人看穿自己的脆弱，害怕哀伤会成为自己的弱点，并因此遭受攻击，被人伤害；（4）担心因为自己的哀伤给别人带去麻烦，会让别人变得不开心；（5）觉得好友、同学都是同龄人，说了他们也无法理解自己的感受。此外，本着"报喜不报忧"的心态，很多远离家人的大学生，为了不让家人担心，也会刻意假装坚强，企图说服家人自己过得很好。

研究表明，缺乏社会支持和感知的低社会支持是延长哀伤的风险因素（Zhang et al., 2006）。来自家庭和朋友的支持对丧亲者非常重要。隐藏感受、假装坚强只会让人越来越封闭自己，变得更加孤单，更少有机会去表达哀伤情绪。面对亲人的离世，哀伤是我们的一种自然反应。因此，我们不必假装坚强。承认自己的哀伤，允许自己表达哀伤，并主动获取家人朋友的支持，可以帮助我们更好地应对哀伤，适应丧亲后的生活。

六、不愿谈论死亡

从哀伤应对的角度，谈论死亡有利于我们接受事实和面对现实。然而，生活中，由于文化禁忌等原因（例如，不吉利），人们常常避讳谈论死亡。很多时候，我们甚至压根说不出"死"这个字。谈到亲人的死亡，人们常常这样表达：

> 他走了。
> 她离开了。
> 爸爸永远地离开了。

通常，在向懵懂的孩子解释亲人的死亡时，大人们也常常会这样说：

> 外婆睡着了。
> 爷爷上天堂了。
> 他去了一个很远很远的地方。
> ……

在我们从小接受的教育里，谈论死亡，以及谈论与死亡有关的话题都会被视为不祥和晦气。人们对于一些不被社会接纳的死亡更是讳莫如深，例如自杀、他杀、流产、夭折、被执行死刑、因精神疾病死亡等。这些死亡方式，不仅被人们认为不吉利、令人感到羞耻，也被社会大众贴上了负面的标签。经历了这些死亡事件的丧亲者，往往会体验到一种被否认的丧失和被剥夺的哀伤，他们会更加不愿意谈论死亡，甚至连告别都需要悄无声息。

事实上，陷在哀伤痛苦中的丧亲者们需要被倾听，渴望被理解，期待被支持。亲人离世后，谈论死亡可以帮助我们纾解悲伤，获得理解和支持。直接谈论死亡还可以帮助我们体会死亡的现实感，帮助我们更好地接受事实和应对丧失。

但是，需要注意的是，当死亡是创伤性的时候，对于死亡的具体情境及侵入性画面的谈论，需要在专业人员的指导和帮助下进行，否则反复、过度的创伤暴露可能会造成二度创伤，给丧亲者带来不必要的伤害（Neimeyer, 2016）。

七、这都是命！

"这都是命！"这种将亲人的死亡归咎于宿命的哀伤信念，对于丧亲者的哀伤平复可能既有利，也有弊。

在哀伤早期，这样的哀伤信念可能是有益的。国外的研究表明，在经历死亡事件后，很多丧亲者会采用宗教应对（religious coping）作为他们的应对方式。宗教应对，即利用宗教信仰或宗教活动接受并适应生活环境中的压力事件（Pargament et al., 1998）。对丧亲者而言，宗教应对是平复哀伤的积极方式，能够帮助丧亲者在痛苦的丧失经历中找到意义，帮助他们获得心灵的告慰和内心的平静，协助他们获得更多的力量，得到重要的社会支持（何丽、王建平，2017）。

然而，国外的研究也表明，将死亡归咎于命运的哀伤信念与失独父母更高水平的抑郁、焦虑和悲伤有关，会对失独父母的积极应对造成阻碍（Cheng, 2013; He et al., 2014; Chen & Liu, 2016）。研究表明，将孩子的死亡归因于命运和上天的安排，可能会直接导致失独父母心理痛苦的加剧，或间接导致失独父母采取不恰当的回避应对策略，从而导致哀伤症状加重（Ehlers & Clark, 2000; Boelen et al., 2003）。此外，将死亡归咎于命运的哀伤信念可能会导致失独父母的个人和社会身份被污名化，认为失去独生子女是厄运、失败和羞耻的标志，并导致他们的社交退缩和自我隔离（Goffman, 1963）。史光远等的研究也表明，消极的哀伤信念会导致丧亲者出现情绪问题（Shi et al., 2019）。

"这都是命！"这种将丧失归咎于命运的哀伤信念，可能反映了丧亲者对自己和逝者命运的看法，但这种看法，可能会与主流的社会文化和个人信仰不符，使得丧亲者难以适应社会。例如，大多数人可能会更倾向于相信通过努力可以改变命运，或者至少可以影响生活的走向；从科学上讲，生命的许多方面确实会受到遗传、环境和偶然事件的影响，并在一定程度上超出我们的控制范围。但这并不意味着我们对生活中的事件完全没有影响力。因此，在哀伤后期，将丧失归咎于命运的哀伤信念，可能并不利于丧亲者平复哀伤。

第二节 正确认识哀伤

一、人为什么会哀伤？

从哀伤的生理机制来看，哀伤情绪与大脑中的神经递质有关，比如在悲伤情绪中，5-羟色胺水平的改变可能使人情绪低落、意志消沉，从而导致悲伤情绪的产生（Cowen & Browning, 2015）。内啡肽的释放则有助于缓解情感上的痛苦和悲伤，起到一定的情绪调节作用（Zubieta et al., 2003）。从心理层面来看，哀伤是与丧失有关的，是人们失去所爱之人而自然产生的，我们也可以在动物身上看到哀伤反应，这说明哀伤是非常自然的、本能的反应，是生存所必需的。从社会因素来看，哀伤情绪反映了个体与他人的连接和对他人的依恋。因此，哀伤也可以被看作爱的一种形式，是对与他人之间深厚情感联系的表达。

二、哀伤却哭不出来，是否有问题？

当亲友离世，你明明很难过，却发现怎么也哭不出来，于是你陷入自我怀疑，难道我不够悲伤吗？难道我爱得不够吗？首先，必须要澄清的一点是，哀伤可以是表达爱的一种方式，但哀伤程度并不等于爱的程度。其次，对于大学生而言，丧亲是较为重大的应激事件，在经历极度哀伤时，有些人可能会因为过度震惊或过度回避，陷入压抑、麻木中而哭不出来，即使他们内心充满了痛苦。最后，哀伤反应存在个体差异，不同的人应对丧失与哀伤的方式不同。有的人倾向于通过哭泣、诉说、表达情感来释放内心的痛苦和悲伤，他们愿意与他人分享自己的情感和经历。有的人更倾向于通过思考、分析和寻找解决问题的方法来处理悲伤。他们可能会尝试理性地看待问题，寻找解决方案，减轻内心的痛苦。有的人可能会选择逃避或回避悲伤的现实，试图通过转移注意力或避免谈论悲伤的话题来缓解内心的痛苦。有的人也会寻求他人的支持和帮助，通过与家人、朋友或专业人士交谈来获得情感上的支持和安慰。也有的人可能会选择通过积极的行动来缓解悲伤，例如通过做志愿工作或锻炼运动等方式来分散注意力⋯⋯

总而言之，每个人的哀伤应对方式都是独特的，不要强迫自己哭泣，应接受当下面对丧失的自然哀伤反应，并逐渐寻找适合的方式来缓解丧亲之痛。

三、哀伤会有哪些反应？

丧亲是一种常见的经历，大多数人在人生的不同阶段都要面对亲密朋友或亲人的死亡。而与之相伴随的哀伤反应，也是个体普遍出现的体验，研究表明，50%—85% 的个体都会在失去亲友的最初几周到几个月的时间内体验到哀伤相关的反应。在丧亲后，人们会出现各种各样的哀伤反应，主要包括认知反应、情绪反应、生理反应、行为反应（沃登，2022）（表 1-1）。

表 1-1　常见的哀伤反应

认知反应	不相信、否认，反复回忆逝者，无法放下，甚至出现幻觉，觉得逝者仍然存在等
情绪反应	强烈的悲痛、愤怒、孤独、内疚、自责、无助、震惊、绝望、恐惧、麻木、解脱、苦苦思念等

生理反应	呼吸困难、口干舌燥、喉咙紧迫、胸口闷、感觉胃部空虚、对声音敏感、肌肉无力、缺乏精力等
行为反应	失眠、心不在焉、出现食欲障碍、社交退缩、梦见逝者、寻找逝者、唉声叹气、坐立不安/过动、常常哭泣、回避、珍藏遗物、避免提起逝者、不能看见逝者的遗物等

这些哀伤反应是面对丧失的自然反应，但在丧失过程中有时也会出现积极的情绪，比如久病缠身的亲人离世，我们可能会感到宽慰，因为逝者不必再承受病痛的折磨和煎熬；当与逝者有关的愉悦记忆再次浮现，我们可能会感到温暖。

四、哀伤是否有特定分期？

即使是对哀伤了解不多，人们也可能会听说过哀伤的各个阶段。1969 年心理学家罗斯提出了哀伤的五阶段论，该理论认为当面临丧失时，丧亲者的哀伤会经历五个阶段：

（1）否认。否认死亡事实，丧亲者无法想象死亡真的发生了，感到震惊和难以接受，表现出一些生理反应，甚至没有意识到丧失。

（2）愤怒。丧亲者感到愤怒，认为这是不公平和不对的，"为什么是我"的想法闯入脑中，产生怨恨、苦涩和敌意的感觉，于是，他们会想方设法地寻找替罪羊。

（3）讨价还价。这一阶段的表现是丧亲者对所发生的事怀有罪恶感，感到十分自责；他们反复地对过去进行假设，以为只要当时的做法不同，就可以扭转局面。

（4）无助。在处理哀伤的过程中，丧亲者会感到强烈的无助，沮丧的情绪压倒了一切希望，他们可能会感到失控、麻烦，甚至想自杀。

（5）接受。丧亲者逐渐接纳事实，开始适应丧亲后的世界，调整状态继续生活下去。

哀伤被描述为分阶段发生的过程，这种观点影响很广，后续的心理学家也在此基础上进一步研究，以更全面、深入地描述哀伤过程，比如韦斯特伯格提出了哀伤的十个阶段，包括震惊、抑郁、内疚、身体压力症状和希望等。但阶段论也存在一些局限性，一方面，没有充分考虑到社会文化背景等其他方面的影响，五阶段或十阶段并不能全面覆盖个体面对丧亲事件的哀伤过程；另一方面，缺乏研究证据支持丧亲者以某种线性的模式经历了这些阶段（Plocha et al., 2023）。越来越多的学者注意到，许多丧亲者可能会经历哀伤的阶段过程，但并不是每个丧亲者都会完整地经历这五个阶段，即使有也不一定按照这个顺序。每个人的哀伤历程有所不同，丧亲者可能跳跃，可能缺失某个阶段，可能同时处于两个或以上的阶段（王建平、刘新宪，2019）。

因此，哀伤并不是以固定或有序的方式发生的，哀伤可能是周期性的，它会来来去去，有时是不可预测的，并涉及一系列的情绪和反应。在失去重要他人的几天到几个月内，丧亲者处于急性哀伤期，出现严重的哀伤反应，包括震惊和不信任感、对逝去亲人的思念、害怕与逝者的分离、感觉与生活脱节等。随着时间的推移，哀伤反应会得到缓解，大多数人通过接受逝者的死亡来适应丧失，与逝者形成一种变化但仍持续的关系，并重新建构一个幸福、快乐、有联结感和意义的未来，这种状态被称为整合性哀伤（Bonanno et al., 2005; Zisook et al., 2014; Lundorff et al., 2017）。

五、哀伤是不是正常的情绪?

哀伤是一个人在面对丧失时的心身反应,通常伴随着痛苦、悲伤、无助等情绪,是正常的、自然的。哀伤既是一种状态,也是一个过程。人在一生中要不断面对不同的丧失。在所有丧失中,最让人难以面对或者最让人感到痛苦的就是失去亲人。失去挚爱之人时,人会经历很多不同的情绪反应,哀伤专指因亲人死亡而产生的悲痛情绪。

哀伤是一种正常的情绪,经历哀伤的过程某种程度上也是哀伤疗愈的过程。但在某些情况下,哀伤的持续时间、强度等可能会超出正常范围,需要特别关注(详细内容可以阅读本节第六部分)。

六、哀伤是一种心理疾病吗?

哀伤可分为正常的哀伤反应和异常的哀伤反应。正常的哀伤反应是每个人面对哀伤时都会产生的躯体、情绪、认知、行为等方面的反应,例如抑郁情绪、失眠、哭泣等。其实,每个人面对哀伤都会有反应,这些反应是正常的。根据罗伯特·内米耶尔对1200名丧亲人群为期10年的跟踪研究,虽然具体情况因人而异,但大部分人需要两年左右的时间慢慢恢复。尽管绝大多数人在不需要专业帮助的情况下适应了丧失,但也有约10%的丧亲人群仍受困于持续性、失功能的哀伤(Lundorff et al., 2017; Iglewicz et al., 2020)。异常的哀伤反应没有随着时间的流逝渐渐减轻,仍存在思念、回避、悲伤、不安全感等反应,并较大程度影响了身心健康和学习生活,很可能发展出延长哀伤障碍。

什么是延长哀伤障碍？2020年世界卫生组织在《国际疾病分类第十一次修订本（ICD-11）》中将延长哀伤障碍（Prolonged Grief Disorder, PGD）纳入诊断体系，并提供了以下诊断：

A. 个体失去伴侣、父母、子女或其他亲人的丧亲史。

B. 一种持续的、普遍的悲伤反应，以对死者的渴望和思念为特征。

C. 伴随着强烈的情感痛苦，例如：悲哀、内疚、愤怒、否认、自责，难以接受死亡事实、感觉失去了生命的一部分、无法体验到积极的情绪、情绪麻木、难以参与社交或其他活动。

D. 在个人、家庭、社会、教育、职业或其他重要功能领域造成临床显著损害的障碍。

E. 在失去亲人后持续长时间的悲伤反应，明显超过预期的社会、文化或宗教规范；这一类别排除死亡后6个月内以及在某些文化或宗教背景下更长时间内的悲伤反应。

虽然延长哀伤障碍的许多症状与重度抑郁症和创伤后应激障碍重叠，但延长哀伤以失去逝者为中心，核心症状表现为反复思念或渴求逝者、难以接受死亡的痛苦现实，与之有所区别。人们往往容易忽略在抑郁症或其他疾病后面真正的元凶实际上是延长哀伤障碍，导致疾病不能得到有的放矢的治疗。

七、过度哀伤对身心健康有什么影响？

研究表明，过度哀伤容易影响个体的身心健康。在心理方面，过度哀伤可能导致情绪低落、抑郁、焦虑和创伤后应激障碍等心理问题，沉溺于哀伤的丧亲者往往会表现出抑郁倾向，包括情绪低落、食欲变化、睡眠受影响以及对曾经喜欢的活动失去兴趣等

（Stroebe et al., 2007）。由于过度哀伤，丧亲大学生也可能会产生与逝者有关的侵入性思维，从而难以集中注意力，导致上课走神，完成作业所需时间增加以及学习成绩下降。在人际关系方面，陷入丧亲之痛的大学生倾向于社交退缩，归属感下降，社交能力会受到影响（Plocha et al., 2023）。此外，过度哀伤可能会导致消极行为增加，如自我封闭、自我伤害等，严重时甚至可能导致自杀行为（Prigerson et al., 2009）。因此，出现过度哀伤的情况时，及时寻求心理咨询和支持是非常重要的。

第三节　平衡哀伤与日常学习生活

一、如何尽可能地避免哀伤影响日常生活？

对于大学生而言，丧亲是重大生活事件，也给大学的生活和学习带来了极大的挑战。许多丧亲大学生认为，大学的竞争压力使得他们难以应对哀伤，无法兼顾学业和生活。因此，在努力平衡哀伤与日常学习生活的过程中，大学生经常感到困难和沮丧。一方面，为了避免哀伤的影响，大学生可能会采取回避的方式，然而，长期的回避可能导致情绪积压和心理健康问题；另一方面，在哀伤的过程中，大学生可能会沉溺于哀伤。因此，在丧失和恢复之间找到平衡很重要，既要允许自己经历哀伤过程，又需逐渐调整状态以恢复正常的学习生活。

为了帮助大学生更好地处理哀伤情绪，尽可能避免哀伤影响日常学习和生活，四任务模型指出可以有针对性地进行以下行动：

第一，接受现实。勇敢地面对现实，接受丧失和哀伤，不再逃避或否认。

第二，处理情感。有效地处理自己的情感，通过表达、宣泄等方式来释放内心的压力。

第三，调整生活。逐步调整自己的生活方式和日常节奏，让自己逐渐适应新的生活状态。

第四，重新投入。寻找新的目标和意义，重新投入到生活中，让自己的生活更加充实和有意义。

二、哀伤时如何激活已经失去的兴趣，或者找到新的兴趣？

没有平复的哀伤会消耗人们的精力，使人对原来喜欢的事物失去兴趣，缺乏能量和力量感。大学生在哀伤适应的过程中，投入到自己喜欢的兴趣活动中，可以获得愉悦感和成就感，缓解丧亲的消极情绪，从而促进哀伤疗愈。为了激活已经失去的兴趣，或者找到新的兴趣，不妨试试以下方式。

第一，设定小目标。目标较大可能会带来认知负担和行为阻力，可以将大目标分解成小目标，例如，如果想重新培养阅读的兴趣，可以先设定每天读半小时书的小目标，然后逐渐增加阅读时间，更容易实现的小目标可以带来成就感和动力，帮助自己逐步重新激活兴趣。

第二，奖励自己。在完成每个小目标后给自己适当的奖励，可以是小礼物或者自我表扬，从而增加自己对兴趣的热情和积极性。

第三，寻找支持。哀伤时，个体可能缺乏动力。与家人、朋友等分享自己的感受和需求，寻求支持和建议，可以帮助个体找到新的兴趣或者重新激活失去的兴趣。

三、如何让自己的哀伤状态不影响其他人？

事实上，丧失经历是比较个人化的部分，处于哀伤状态的人可能会感到不自在或者不好意思分享这种情绪。而且，丧亲者可能担心哀伤反应会被视为懦弱或不成熟的表现，从而受到他人的否定，他们也不希望因为自己的负面情绪而破坏人际关系。出于这些考虑，丧亲者希望能更好地处理自己的哀伤情绪，尽可能不让自己的哀伤状态影响到其他人。但是，我们想对大学生说的是：首先，这并不意味着要压抑哀伤，哀伤是你的权利，哀伤需要表达。如果觉得表达哀伤的方式影响到了他人，不妨试试其他合适的表达方式，比如写日记、运动等。其次，也许你可以找到让你感到安全的对象，可以是让你感到安全的私人空间，也可以是值得信赖的家人、朋友、同学或辅导员等，让自己有机会宣泄情绪。最后，如果哀伤状态无法自行缓解，可以考虑寻求心理咨询的帮助。

四、为了家人，你要坚强起来

在经历丧亲时，也许你听到过"为了家人，你要坚强起来"。这句话背后的意图可能是出于鼓励和安慰，希望你不要过分沉溺于丧亲之痛，与家人建立联结，发展出新的依恋图式，坚强面对并继续前行。然而，这样的说法并不适用于所有人，每个人应对哀伤的方式都是不同的。在丧亲时，不要强迫自己坚强，要接纳自己的哀伤情绪，允许自己悲痛、愤怒、无助或脆弱。也许你可能需要更多时间，重要的是以自己的步伐和方式来处理哀伤，逐渐恢复生活。

五、不知道如何疏解心情怎么办?

（1）倾诉：向信赖的家人、朋友或其他人讲述丧亲经历，分享内心感受，倾诉哀伤情绪，让情绪得到释放。

（2）运动：适当的运动可以释放身体中的压力，促进身体内啡肽的释放，有助于缓解悲伤情绪。有丧亲者曾说，"锻炼可以帮助我厘清思路，让我的身体感觉更好，情绪感受更好"。

（3）冥想和放松练习：学习冥想和深呼吸等放松技巧，这样有助于平复情绪，减轻悲伤感。

（4）艺术疗法：尝试通过写日记、绘画、听音乐等方式来处理哀伤情绪。

（5）保持健康的生活方式：良好的作息习惯有助于稳定情绪，健康饮食、充足的睡眠和适量的运动，有助于维持身心健康，减轻悲伤情绪。

（6）专注于当下：尝试专注于当下的学习、人际关系和生活，可以分散注意力，增加社交支持，缓解哀伤情绪。有丧亲大学生曾说，"回到学校，和朋友们在一起上课的感觉很有帮助，因为脑子里不会一直想着发生的痛苦事情"。

（7）寻求专业帮助：如果哀伤和情绪困扰严重影响日常生活，可以考虑寻求专业的心理咨询或治疗。

同学们可以根据自己的情况选择适合自己的方法来疏解心情，同时，也需要给自己足够的时间和空间来慢慢调整和恢复，因为哀伤疗愈是一个需要时间的过程。

参考文献

Boelen, P. A., van den Bout, J., & van den Hout, M. A. (2003). The role of cognitive variables in psychological functioning after the death of a first degree relative. Behaviour Research & Therapy, 41(10), 1123-1136.

Bonanno, G. A., Moskowitz, J. T., Papa, A., & Folkman, S. (2005). Resilience to Loss in Bereaved Spouses, Bereaved Parents, and Bereaved Gay Men. Journal of Personality and Social Psychology, 88(5), 827-843.https://doi. org/10.1037/0022-3514.88.5.827.

Boss, P. (1999). Ambiguous loss : learning to live with unresolved grief. Harvard University Press.

Chen, H., & Liu, M. (2016). From imagination to reality: The tension and fracturing logic of social relationship between parents who have lost their independence. Academic Forum, 9(3), 67-71.

Cheng, Z. (2013). The problems of only-child lose in public policy: An analysis based upon public cognition and subjective perception. Population & Development, 19(4), 65-72.

Cowen, P. J., & Browning, M. (2015). What has serotonin to do with depression? World Psychiatry, 14(2), 158-160.

Djelantik, A. A. A. M. J., Smid, G. E., Mroz, A., Kleber, R. J., &Boelen, P. A. (2020). The prevalence of prolonged grief disorder in bereaved individuals following unnatural losses: Systematic review and meta regression analysis. Journal of Affective Disorders, 265, 146-156.

Ehlers, A., & Clark, D. M. (2000). A cognitive model of posttraumatic stress disorder. Behaviour Research & Therapy, 38(4), 319-345.

Goffman, E. (1963). Stigma: Notes on the management of spoiled identity.

Englewood Cliffs, New Jersey: Prentice Hall.

He, L., Tang, X., Zhu, Z., & Wang, J. (2014). Great pain: Qualitative research on grief reactions of the parents who lost their single child. Chinese Journal of Clinical Psychology, 22(5), 792-798.

Iglewicz, A., Shear, M. K., Reynolds,Charles F., I.,II, Simon, N., Lebowitz, B., &Zisook, S. (2020). Complicated grief therapy for clinicians: An evidence-based protocol for mental health practice. Depression and Anxiety, 37(1), 90-98. https://doi.org/10.1002/da.22965.

Lundorff, M., Holmgren, H., Zachariae, R., Farver-Vestergaard, I., & O'Connor, M. (2017). Prevalence of prolonged grief disorder in adult bereavement: A systematic review and meta-analysis. Journal of Affective Disorders, 212, 138-149. https://doi.org/10.1016/j.jad.2017.01.030.

Neimeyer, R. A. (2016). Meaning reconstruction in the wake of loss: Evolution of a research program. Behaviour Change, 33(2), 65-79.

Neimeyer, R.A., Burke, L.A., Mackay, M.M., & Van Dyke Stringer, J.G. (2010). Grief therapy and the reconstruction of meaning: From principles to practice. Journal of Contemporary Psychotherapy, 40, 73-83.

Pargament KI, Smith BW, Koenig HG, et al. Patterns of positive and negative religious coping with major life stressors. Journal for the Scientific Study of Religion, 1998, 37(4): 710-724.

Plocha, A., Modrak, S., Hoopes, M., Donahoe, A., & Priest, A. (2023). Resilience among bereaved college students: Indicators, facilitators, and barriers. Death Studies, 47(2), 121-129. https://doi. org/10.1080/07481187. 2022.2032483.

Prigerson, H. G., Horowitz, M. J., Jacobs, S. C., Parkes, C. M., Aslan, M., Goodkin, K., ... Maciejewski, P. K. (2009). Prolonged grief disorder: Psychometric validation of criteria proposed for DSM-V and ICD-11.

PLoS Medicine, 6(8), e1000121.

Shi, G. , Wen, J. , Xu, X. , Zhou, N. , & Stelzer, E. M. (2019). Culture-related grief beliefs of chinese shidu parents: Development and psychometric properties of a new scale. European Journal of Psychotraumatology, 10(1), 1626075.

Stroebe, M., Schut, H., & Stroebe, W. (2007). Health outcomes of bereavement. The Lancet, 370(9603),1960-1973. https://doi.org/10.1016/S0140-6736(07)61816-9.

Zhang, B. H., El-Jawahri, A., &Prigerson, H. G. (2006). Update on bereavement research: Evidence-based guidelines for the diagnosis and treatment of complicated bereavement. Journal of Palli-ative Medicine, 9(5), 1188-1203.

Zisook, S., Iglewicz, A., Avanzino, J., Maglione, J., Glorioso, D., Zetumer, S., … Shear, M. K. (2014). Bereavement: Course, Consequences, and Care. Current Psychiatry Reports, 16(10), 482.https://doi.org/10.1007/s11920-014-0482-8.

Zubieta, J. K., et al. (2003). Regulation of human affective responses by anterior cingulate and limbic mu-opioid neurotransmission. Science, 299(5610), 1240-1243.

何丽, 王建平. 失独者宗教应对的质性研究 [J]. 中国临床心理学杂志, 2017, 25(05):970-975+906.DOI:10.16128/j.cnki.1005-3611.2017.05.039.

王建平, 刘新宪. (2019). 哀伤理论与实务: 丧子家庭心理疗愈. 北京: 北京师范大学出版社.

J. 沃登·威廉著. 王建平, 唐苏勤等译. (2022). 哀伤咨询与哀伤治疗 (原书第 5 版). 北京: 机械工业出版社.

朱迪思·维奥斯特. (2012). 必要的丧失. 南京: 江苏人民出版社.

第二章 哀伤平复之路

第一节 调节哀伤反应

一、震惊难过，不愿意相信亲人离世，怎么办？

对于亲友的死亡感到震惊难过是非常正常的反应，尤其是对于非预期性的死亡，例如自杀，因突发疾病、意外事故、自然灾害等引起的死亡等。沃登（2022）指出，丧亲者完成哀悼的其中一个任务就是直面逝者已逝，并且再也不会回来的事实。然而，很多丧亲者在面对死亡事件时，尽管理智上知道事件是真实发生的，但情感上还是会感到震惊、难过，不愿接受事实。

当丧亲者感到震惊、难过，不愿接受事实时，可以通过一些方法促进其情绪表达、体验，增加死亡事件的现实感，加强其对死亡事实的理解和接纳。丧亲者可以尝试以下几种方法。

第一，参加逝者的葬礼、悼念仪式等。瞻仰和告别可以帮助丧亲者逐步接受死亡事实。研究表明，仪式及哀悼可以增加死亡事件的现实感，促进其对死亡事实的接纳。同时，与他人一起完成哀悼，还能为丧亲者提供一个公开表达哀伤的机会，帮助促进丧亲者的哀伤情绪表达、宣泄，帮助缓解震惊、难过等哀伤情绪。

第二，与家人一起面对哀伤，了解与死亡事件有关的具体信息，与家人、朋友谈论对死亡事件的感受，可以帮助丧亲者增进对死亡事件的理解和接纳，在促进哀伤情绪表达的同时，得到家人和朋友的倾听、陪伴与支持。

第三，允许自己体验并表达情绪，寻找一些让自己感到安全的并且适合自己的情绪情感表达方式，例如绘画、听音乐、跳舞、写日记等，帮助调节、表达和宣泄自己的情绪。面对亲人离世，震惊、难过及不愿相信都是正常的反应，不要压抑自己的情绪，体验并感受它们。

第四，给自己一些时间，让自己缓慢适应丧亲后的生活状态。每个人对悲伤和失去的处理方式都是独特的，尊重并接受自己的哀伤反应，用自己的节奏逐渐走出哀伤。

第五，必要时寻求专业支持，例如通过哀伤个体咨询，帮助处理自己无法理解、难以承受及难以释怀的议题和情绪（如创伤性痛苦）；或者参加同命人团体，在团体中，团体成员经历的相似性和普遍性能为丧亲者提供更多的共情、理解和支持，帮助丧亲者在团体中度过那些艰难的时光。

二、如何应对悲伤？

面对亲人离世，悲伤是我们最容易感受到的情绪。双程模型理论指出，适应性的哀伤应对需要丧亲者有时直面哀伤，有时回避压力。在这个过程中，丧亲者在哀伤和恢复之间的有序摆荡，是帮助应对丧亲压力的有效策略（Stroebe & Schut, 2013）。也就是说，适应性的哀伤应对，应既不过分地沉溺悲伤，也不过分地压抑悲伤，否则都可能会导致病理性哀伤的出现。要做到这一点，需要我们找到一些方法，一方面，为自己留出专门的时间和空间，去体验哀伤、表达哀伤和处理哀伤情绪；另一方面，在需要的时候，又可以重新投入到家庭、生活和工作之中，去应对和适应亲人离世后的新生活。可能有效的方法包括如下几种。

第一，不过分压抑悲伤，通过绘画、写日记、冥想、参加支持性团体等，找到让自己感到安全的、适合的表达悲伤情绪的方式。

第二，不过分沉溺悲伤，在适当的时候，开始尝试建立新的日常生活目标，培养新的兴趣，发展新的关系，重新找到自己的角色和定位，帮助自己更好地应对丧亲后的生活。

第三，主动寻求支持，与家人、朋友谈话可以为丧亲者提供支持和安慰。沃登（2022）指出，面对丧亲，我们需要与他人一起完成哀悼。向他人表达自己的感受对丧亲者而言会大有裨益。

第四，必要时，寻求专业人员的帮助。当依靠自己无法有效应对悲伤时，通过个体咨询或团体咨询，可以帮助丧亲者更好地应对悲伤，整合哀伤。

三、如何应对无助的焦虑?

焦虑是和所爱之人分离时的正常依恋反应（Shear & Skritskaya, 2012）。在经历丧亲事件后，焦虑和无助是非常常见的情绪。丧亲者的焦虑主要源于以下三个方面：一是重要他人的死亡，这可能会让丧亲者感到失去依恋和依靠，觉得无法独自生活下去，或不知道未来要怎么办。尤其是当丧亲者过去对逝者有很强的依赖和依恋时，这种焦虑更容易让丧亲者产生一种退行的无助。二是亲人的死亡，这让丧亲者感受到生命的无常，感觉失去了生活的稳定感、安全感和控制感，从而引发焦虑。三是死亡可能还会导致丧亲者对自身死亡觉察的增加（Worden, 1976），从而引发丧亲者对自己死亡的焦虑和恐惧。

一般来说，丧亲者这些退行的无助、失控感、对未来的焦虑和对死亡的恐惧，会随着时间的推移逐渐减轻，丧亲者会渐渐接受死亡事实，知道如何安排和处理自己的事情，学会接受生命的无常。

为了更好地应对这些无助的焦虑，丧亲者可以尝试这样做：（1）接纳自己的无助、焦虑和恐惧，给自己时间去适应和应对丧失；（2）总结过去自己处理生活和任务的方法，找到成功和有用的经验，减少自己的焦虑和无助；（3）主动寻找支持，向家人、朋友诉说自己的无助、焦虑和恐惧，有时仅仅是诉说和被倾听就能帮助丧亲者缓解焦虑和恐惧；（4）改变认知，培养要承担起自己生命责任的意识；（5）对于自己无法应对的焦虑和恐惧，必要时寻求专业人员的帮助。

四、如何应对内疚和自责？

内疚和自责是丧亲者常见的情绪。其中，可能包括了非理性的内疚和真实的内疚。李和施特勒贝等的研究发现，丧亲者的内疚主要包括：死亡责任（responsibility for death）、伤害逝者（hurting the deceased）、幸存者愧疚（survivor guilt）、负债愧疚（indebtedness guilt）和内疚感（guil feeling）（Li et al., 2015）。面对亲人的离世，丧亲者常常会萌发一些非理性的内疚想法，例如："如果我多关心他，他可能就不会自杀。""都怪我，如果我做得够好，就不会发生这样的事。"有时，丧亲者也会有真实的内疚原因，例如，丧亲者做的某些事情或某些行为导致了死亡的发生，或对逝者造成了实际的伤害。面对内疚，以下这些方法可能是有用的。

第一，承认和接纳自己的内疚，认识到内疚和自责是丧亲后正常的情绪反应，而非否认和压抑它们，接纳情绪是应对内疚和自责的第一步。

第二，给自己一些时间、空间和耐性，有些内疚和自责会随着时间推移逐渐减轻。

第三，表达和宣泄，找到让自己感到安全的方式表达自己的内疚和自责，可以尝试通过写作、绘画，或者向自己信任的家人、朋友倾诉，帮助自己宣泄情绪和压力。

第四，反思内疚和自责情绪的来源和本质，尝试使用现实检验的方法进行自我对话，反问自己，这些内疚和自责是与事实相符的吗？还是非理性的？例如，对类似"如果我能多关心关心他，他可能就不会自杀了"的想法，可以尝试反问自己："如果我多关心他，就能阻止他自杀了吗？"答案其实往往是不能。通过类似的反思和现实检验，丧亲者可以看到自己的愿望和局限，减轻非理性的内疚和自责。

第五，对于一些真实原因造成的内疚和自责，丧亲者可以通过举行纪念仪式、参加公益活动或以亲人的名义去做一些有实际意义的事情，来减轻自己的内疚和自责。

第六，对于一些自己无法处理的复杂的内疚和自责，及时寻求专业人员的支持和帮助，例如预约个体咨询或参加团体咨询。

五、如何应对愤怒？

面对亲人的离世，愤怒是一种复杂且常见的情绪。通常，愤怒的主要来源有两个，一是死亡带来的挫折感，二是退行的无助（regressive helplessness）（沃登，2022）。对丧亲者来说，这两种愤怒，可能源于亲人死亡引发的被剥夺感，或源于自己无法阻止死亡发生的无助感，又或是由于过去曾受到逝者的伤害还没有机会表达愤怒和报复而感到不甘。愤怒有时还会表现为迁怒，丧亲者可能会把这种强烈的情绪发泄在逝者的爱人、其他家庭成员，或医护人员的身上。有时，这种愤怒也会呈现为自我攻击，导致丧亲者感到自责、愧疚、低自尊，严重者甚至会导致抑郁，或产生自杀的想法（沃登，2022）。哀伤者的愤怒很多时候都是非理性的。应对愤怒，可以参考以下几种做法。

第一，觉察并承认自己的愤怒，接纳它，而不要试图压抑或否认它。

第二，反思愤怒的来源，尝试深入理解愤怒情绪背后的动力及需要，是因为感到无助和失去控制，还是因为未能在亲人生前解决某些问题？找到愤怒的来源，理解情绪背后的动力及需要，有助于找到更健康的应对方式。

第三，表达愤怒，愤怒需要得到表达，找到安全的、适合自己的方式来表达愤怒。可以尝试通过运动、写日记、绘画或与信任的家人或朋友交谈来释放内心的压力。

第四，宽恕、和解或切断联结，如丧亲者因曾受到逝者的伤害而感到愤怒，可以尝试宽恕逝者以获得和解，让自己自由。如不愿意和解、无法原谅，可以用一种自己希望的方式（例如仪式），在充分地表达愤怒后，切断与逝者之间的联结，让自己得到解脱。值得注意的是，选择宽恕和和解，并非忘记或无视逝者曾经对我们施以的伤害，也不是否定我们自己的感受，而是找到方法，让自己从愤怒的束缚中解脱出来。

第五，如果愤怒情绪难以自我管理和应对，及时寻求专业的心理咨询或治疗。这样可以帮助你探索愤怒的深层原因，并找到有效的方法来处理自己的愤怒。

六、如何应对孤独?

亲人离世后，孤独是一种非常常见的哀伤反应。有时，孤独源于随着挚爱之人的死亡，丧亲者会觉得这世上再无人可依，仿佛只剩下自己；有时，孤独源于丧亲者因为死亡事件产生了对他人的不信任感，变得社交回避；有时，孤独源于丧亲者认为他人无法理解自己的经历和感受，选择封闭自己；有时，孤独源于丧亲者因为丧亲而认为自己与他人格格不入……丧亲者可以通过以下几种方法来应对孤独。

第一，给自己时间和空间，允许自己悲伤和面对孤独，不要试图强迫自己快速地克服孤独，允许和接纳自己是第一步。

第二，参加哀伤支持团体，在团体中获取支持和陪伴。

第三，主动寻找支持，与家人、朋友或专业人员分享自己的感受。交流和倾诉可以帮助减轻孤独感，并获得理解和支持。

第四，参加社交活动，尽管感觉孤独，但尝试保持社交联系是很重要的。参加社交活动、加入兴趣小组或志愿者团体可以帮助你建立新的社交关系。

第五，助人或参加社会公益活动，通过帮助他人和参与公益活动，丧亲者可以感受到自己对他人的价值和影响力，增强自尊和归属感，从而缓解孤独。此外，还可以帮助丧亲者扩大社交圈子，认识新朋友，发展新关系，从而减少孤独感并获得情感支持。

第六，探索新的兴趣爱好，尝试新的活动或兴趣爱好，丰富生活，减少孤独感。例如健身、摄影、旅游、参加读书会等都是不错的选择。

第七，饲养宠物，许多研究表明饲养宠物可以帮助缓解孤独感。宠物可以提供陪伴和安慰，减少孤独感和抑郁情绪。宠物还可以增加社交互动的机会，例如遛狗时与其他宠物主人交流，这对于与他人建立联系和减少社交回避非常有益。

第八，在自己感到无法应对孤独时，需要及时寻求专业人员的帮助。

七、如何把哀伤情绪转化为艺术的语言？

有时，经历了亲人离世的丧亲者，可能由于种种原因，无法公开表达或使用语言表达自己的哀伤情绪。例如，经历了不被社会接纳的死亡（如流产、因精神疾病死亡），经历了创伤性的死亡（如自杀、他杀），或者不擅长通过语言来表达自己的情绪和感受。此时，可通过艺术创造的方式，帮助自己将哀伤情绪转化为艺术的语言，以一种安全、没有批判的方式，促进哀伤情绪的觉察、体验及表达。

艺术和创造力是灵魂的解药，能满足灵魂的需要，治愈它的不足，使之恢复活力（McNiff，2004）。对于那些无法公开表达的哀伤情绪，丧亲者可以通过写日记、书写逝者生命故事等方式表达自己的哀伤情绪。对于那些无法言语化、不知如何描述，又找不到出口的哀伤情绪，丧亲者也可以通过绘画、做手工、诗歌创作、舞动、音乐等方式，充分地进行表达和抒发。

值得注意的是，如果死亡是创伤性的，丧亲者最好在专业人员的指导下进行哀伤情绪的艺术性表达。此外，当选择自己通过艺术性的创作表达哀伤情绪时，丧亲者需要为自己寻找一个安全的、不被打扰的独处时间和空间，并注意控制创作的时间，以免过分地沉溺于哀伤之中无法自拔。

第二节　处理与逝者的关系

一、总是触景生情、睹物思人，怎么办?

触景生情、睹物思人，是丧亲者常有的反应。例如看到逝者曾经使用过的物品，来到与逝者一起去过的地方，或者在特定的日子（如生日或逝世周年），人们会体验到思念、悲伤等哀伤情绪，不断回忆与逝去之人的美好时光，或者反复回忆亲人离世时的情景。这些反应是哀伤过程中的自然部分，有时能给人们带来一种暂时的情感慰藉，因为它们让人感觉到与逝去之人的联系尚未完全断裂。但它们也可能带来深刻的痛苦和挑战。长期的、频繁的回忆可能导致哀伤延长，影响日常生活和心理健康。

在哀伤辅导中，与之相关的重要议题是"如何应对哀伤提示物"。对此有两种重要的应对方式：回避和暴露。

回避是一种自我保护机制，人们可能会回避那些触发哀伤回忆的情境或物品。这种策略在短期内可能会有帮助，因为它可以减少哀伤的痛苦。然而，长期的回避可能会延长哀伤过程，阻碍个体建立新的生活常态。

暴露是一种心理治疗技术，它涉及主动面对那些引起不适的情境和记忆。在处理哀伤时，有意识地让自己接触那些与逝者相关的物品和环境，可以帮助丧亲者逐步减少这些触发点带来的痛苦。通过反复暴露，人们可以学会管理而非逃避这些情绪，最终实现情绪的适应和整合。

该如何应对哀伤的提示线索呢？可以分为以下四个方面。（1）正常化自己的反应。认识到触景生情是正常的哀伤过程的一部分，不必对此感到内疚或羞愧。同时，如果自己的生活情境中有太多的哀伤提示物，适度回避也是正常的，这可以让自己不必一直处于哀伤情绪中。（2）有意识地体验和表达情感。在睹物思人之后，要给自己时间和空间去感受和表达哀伤。可以通过写作、绘画、听音乐或与信任的人交谈来抒发情感。（3）建立新的日常生活。哀伤永远不会完全消失，只是逐渐变淡，因此可以通过建立新的日常生活和兴趣来适应没有逝者的生活。（4）逐步建立内在的联结。有研究者通过研究证实，当生者可以放弃找寻与死者的实际联结，将联结的愿望转化为内在的心理联结（例如保留死者的优秀品质），就可以得到满足并成功渡过丧失危机（Yu et al., 2016）。因此可以在睹物思人时，思索和加强内在的联结，比如"他是如此地爱我，我也要像他一样爱别人，好好生活"，慢慢地就不那么在意外在的提示物了。

二、往前看！逝者已矣，生者如斯！而我却还在纠结这件事

"逝者已矣，生者如斯！""往前看！"是面对丧失时，人们常常给予的劝慰。然而，这些安慰和关怀的话语有其适合的场景。当丧失刚刚发生时，说这些话明显不合适。事实上，在"逝者已矣，生者如斯"这句话之前，人们常常还说"节哀！保重！"，潜台词便是，保重身体，不要过度悲伤，过好当下的生活，照顾好眼前人。对于过度悲伤的人，这种劝慰是合适的。

施特勒贝和舒特提出的哀伤双程模型比较好地解释了这种现象，研究者强调了哀伤调适过程中有两个方向：丧失导向和恢复导向。丧失导向涉及对逝者的思念、悲伤和回忆，而恢复导向则涉及适应新的生活现实、重建生活和寻找新的意义（Stroebe & Schut, 2013）。这两个方向都是有压力的，都是需要个体应对和调整的，因此个体会在这两个方向之间来回摆荡。如果这种摆荡是灵活的，个体能够掌控的，个体便能逐步适应丧失。

然而，当个体固着于恢复导向，压抑与逝者和死亡相关的事情时，短期内可能回避了丧亲之痛，忙碌于学业和生活，时间长了可能会有压抑的痛苦，对逝者有无法表达的悲伤，也难以与逝者建立内在的联结、从丧失中获得成长。

建议在丧亲之初，陪伴个体，说节哀、保重身体之类的话。当个体沉溺于悲痛中时，在关心的基础上再说："逝者已矣，生者如斯！""往前看！"

三、那些美好的与逝者相关的记忆，为何总是想不起来？

丧亲后，个体可能会经历积极记忆和消极记忆的变化。积极记忆涉及与逝者共度的美好时光，而消极记忆则可能与逝者的疾病、死亡或丧亲后的痛苦经历相关。丧亲之痛可能使人难以回忆起与逝者的美好时光，在丧亲后的初期，个体可能会更多地回忆与逝者相关的消极记忆，因为这些记忆与丧亲的痛苦经历更为直接相关。丧亲后，个体处于一种悲伤和焦虑的状态，这种状态可能使消极记忆更加突出。

博伦等提出的认知行为概念化模型中，强调负面的、过度概括化的自传体记忆是病理性哀伤的重要预测因素（Boelen et al.,

2006）。自传体记忆，指个体生命中对具体事件的记忆，是描述关于个人生活和自我感的事件和问题的记忆。概括化的记忆，指的是事件发生很频繁或持续时间很长，但难以记得具体情况。比如某学生在经历丧失后，只记得以前妈妈常常骑车接送自己，但抑制回忆具体的情形。哀伤的调适过程，需要个体对积极记忆和消极记忆都进行回顾，从而避免对某种记忆的回避倾向，最终实现对自传体记忆的整合，实现哀伤反应的自然适应。

除了寻求专业帮助之外，自己可用的应对策略有以下几种。

（1）接受和允许。接受目前难以回忆积极记忆、常出现消极记忆的现状。这是丧亲过程中的自然部分，不必对此感到内疚或焦虑。

（2）与他人分享记忆。无论是积极记忆还是消极记忆，多与家人、朋友分享，一方面可以缓解悲痛和焦虑，另一方面可能会帮助你唤起被压抑的积极记忆。

（3）创造回忆的空间。尝试创造一个安静、舒适的环境，让自己有时间去回忆与逝者的美好时光。可以听一些与逝者相关的音乐，看照片或视频，或参与一些与逝者都喜欢的活动；也可以通过画画、折纸，表达对逝者的哀思。

（4）写日记或故事。记录与逝者共度的美好时光可以帮助你更好地回忆和珍惜这些记忆，这也是一种纪念逝者的方式。这个过程可以按照自己的节奏，慢慢来。记录时感到不适，可以停下来休息一下。如果状态允许，最好可以坚持下去，因为面对是最好的应对方式。

四、我担心与逝者相关的记忆变得越来越模糊

担心与逝者相关的记忆变得越来越模糊，是丧亲后的常见担

忧。这种感觉可能源于对逝者的深切怀念，以及对失去的恐惧。更加重要的是，认为保持悲伤痛苦就是一种纪念，是许多人面对丧亲之痛时的自然反应。然而，从心理健康的角度来看，理解记忆的变化，并学会健康地应对丧亲之痛是非常重要的。从记忆的自然特性来说，记忆是动态的，随着时间的推移，有些记忆可能会变得模糊，不过有些记忆则可能保持清晰。

有一些技术可以帮助我们加强与逝者有关的记忆，但是有两点需要注意。首先，在丧失刚刚发生时，不建议做这些，此时首先应该进行情绪调节；此外，如果丧失带有创伤性时，建议还是寻找专业咨询师，做深度的处理。

（1）记忆盒子。可以制作一个盒子，在盒子里放置与逝者相关的物品，比如图片、文字，可以仔细地装饰盒子，包括盒子的颜色、贴纸等装饰品。制作完成后最好可以跟他人分享，加深记忆。

（2）制作相册。相册作为一种重要的分享方式，可以很好地以时间线的方式回忆逝者，回忆也会更生动。

（3）写一封给逝者的信。写信的方式更加侧重深层次的言语表达。通常是哀伤者内心深处的、想告诉逝者的话。可以以这样的方式开头："我一直想要告诉你的是……""我与你最珍贵的一段回忆是……"

最后，需要明确的一点是，在回忆逝者的同时，允许自己过好当下的生活。在充分哀悼的同时，要保证对自己的宽容，避免不必要的内疚，"逝者已矣，生者如斯"。

五、什么样的仪式有助于平复哀伤?

仪式在平复哀伤方面扮演着重要的角色。它们不仅是对逝者的纪念，也是帮助生者表达情感、接受丧失和开始疗愈过程的一种方式。

传统的丧葬仪式，还是必要的。它可以让亲人、朋友聚在一起，以一系列的、持续的仪式来哀悼和纪念逝者，这个过程可以帮助人们面对事实、宣泄情绪、建立与他人的联结（贾晓明，2010）。

需要重视的是，随着时代和文化的变迁，大学生常常不在家乡生活，也很难认同和参与传统丧葬仪式，个性化的仪式变得更加必要了。以下是一些有助于平复哀伤的仪式类型。

第一，纪念日活动。在逝者的生日、逝世周年或其他重要日期举行纪念活动，如点亮蜡烛、放风筝、放飞气球或种植一棵树。

第二，平时的纪念仪式。个人可以通过写日记、写信给逝者、创作艺术作品或参与逝者喜爱的活动来纪念他们。比如某个学生会将写好的信折成船，然后埋在某棵松树下。

第三，自然生活中的仪式。有时候，人们可以在自然环境中（如海滩、森林或山脉）进行反思或冥想，同时回忆并纪念逝者。这种方式的好处是，可以利用自然的宁静和优美来平复哀伤。

选择哪种仪式取决于个人的信仰、文化背景和喜好。重要的是，仪式应该能够反映逝者的生命对生者的意义，同时帮助生者表达情感、接受丧失，并逐步走向疗愈。

六、有很多话想跟他／她说时，怎么办?

一般在哀伤调适的后期，当你有很多话想对逝去的亲人说时，可以有以下两种方式来表达你的情感和思念。注意：在丧失刚发生时，不适宜进行以下自助练习。

第一，给逝者的一封信。如果你想自由地表达自己的想法，那么给逝者写一封信是比较合适的。以下的流程可供参考。（1）选择合适的时间和地点。找一个安静、私密的地方，确保你有足够的时间和空间来表达你的情感。（2）表达你的感受。在信中，诚实地表达你的悲伤、愤怒、感激或任何其他情感。不要担心语法或格式，关键是诚实地表达自己。（3）回忆共同的记忆。分享你与逝者共度的美好时光，回忆那些特别的时刻和经历。（4）谈论你的生活。告诉逝者你的生活现状，包括你的新经历、挑战和成就。（5）表达你的爱。确保在信中表达你对逝者的爱和思念。

　　在给逝者写完信之后，我们可以尝试以逝者的口吻给自己回一封信。

　　第二，指导性日志法。如果你想要一些引导，并准备好对这次丧失进行深思，并获得一些成长，可以使用指导性哀伤日志（Lichtenthal & Cruess, 2010）。这项技术的理论基础是内米耶尔提出的哀伤意义重建模型，它强调通过理解丧失、益处寻求和自我重建，帮助人们适应哀伤，并获得意义的重建（Gillies & Neimeyer, 2006）。

　　（1）定期写作。每天或每周设定一个时间来写日记，记录你的情感、想法和生活经历。一般可以自由地书写 20—30 分钟。

　　（2）指导性问题。每次书写时，可以加入 1—2 个指导性问题，来帮助你深入思考，主要包括意义重建和益处寻求两方面，问题汇总如下：

- 现在你如何解释和看待丧失事件？
- 你的哪些信念有助于你适应这次丧失事件？
- 这次丧失有没有影响你的人生方向？

- 从长远来看，你如何从这次丧失中获得意义？
- 这个经历如何改变了你对生活的看法？
- 你的生活中有哪些积极的改变，如新的人际关系、个人的成长或对生活的新的欣赏？
- 你身上的哪些品质或特点增加了你的复原力？
- 这次丧失经历或逝者有没有给你一些生命的启示？

（3）反思和调整。定期回顾你的日记，观察你的情感和思考随时间的变化。

七、与逝者保持什么样的联结是有益的？

与逝者是否应该保持联结曾是哀伤研究中的重要议题。早期，弗洛伊德认为个体对逝者曾投入了大量的力比多（心理能量），它代表了个体和逝者的心理联结。当逝者离去时，个体正常的哀伤可以收回逝者相关的力比多，将心理能量释放出来，并向新的个体投入力比多，建立新的联结；反之，如果不能收回逝者相关的力比多，保持与逝者的联结，就会与现实产生矛盾，产生延长、夸大或病理性的哀伤反应（Freud, 1924）。后来，很多研究者发现与逝者的联结并非完全是消极的，如果个体可以减少与逝者的外部联结，建立与逝者适应性的内在联结，就可以较顺利地渡过丧失危机，比如"姥姥的开明和爱支持着我努力地探索自己，好好生活"（Shear & Shair, 2005）。

与逝者的联结受关系的影响，有时候短期的过度或回避联结都是正常的。但最终来说，更具适应性的联结方式有以下两种。

第一，与逝者保持适度的外部联结。例如，与家人一起参与纪念活动，如逝世周年纪念、生日纪念等；在固定、安全的地方，保留与逝者相关的珍贵物品，如照片、衣物。不需要常常看到，在你想看的时候，它们可以帮助你回忆逝者。

第二，建立内在的适应性联结。具体的方式包括前文提到的仪式、写信、整合记忆等。按照认知依恋模型，内在联结的核心需要在融合和独立之间找到平衡，既保持对逝者的记忆和价值观的尊重，又发展独立于逝者的生活（Maccallum & Bryant, 2013）。

第三节　寻求帮助和帮助他人

一、如何建立有益的社会支持系统？

在丧失亲人后，寻求社会支持一般会有利于缓解丧亲之痛（McNally et al., 2021）。然而，研究表明许多丧亲者因为他人无心的感觉或恶意的评论而受到伤害，从而让哀伤的痛苦加重、时间延长，尤其是涉及创伤性的哀伤时（Burke et al., 2010）。因此，我们需要对社会支持进行细分，可以参考 DLRX 方法（Doka & Neimeyer, 2012）。

实干者（Doer）：能够帮助你完成具体事务的人，比如辅导员帮忙请假、舍友帮忙带饭。

倾听者（Listener）：具有同情心的亲友，他们会主动关心你，不会给你冷漠、不成熟、批评的回应。

放松者（Relaxer）：和一些朋友在一起，可以体会到快乐，如一起出去游玩、吃饭。

排外者（Xenophobe）：这类人需要远离，因为他们喜欢批评和评价你，缺乏内心的共情。

二、面对同学、好友的哀伤，该如何安慰并帮助对方？

面对刚经历丧亲痛苦的好友和同学，我们更想知道如何安慰对方。很多研究都发现社会支持可以增强哀伤人群的心理弹性，缓冲生活中的压力，对心理健康起到保护作用（McNally et al., 2021）。具体来说，主要包括言语和非言语两方面。

非言语方面主要是陪伴和帮助，可以询问他们是否需要具体的帮助，比如陪他们去某个地方、帮助他们处理一些日常事务或仅仅是陪伴。哀伤人群常会经历日常社会生活的损害，并且不常求助。因此，如果我们可以细致地观察对方的状态，及时提供一些善意的帮助，哪怕是一点点，都会让对方感到温暖，从而缓解悲伤的情绪。

言语方面主要是恰当的同情的话，比如"你如果难过，累了，不需要说话，我会陪着你""多保重身体""虽然我无法理解你的感受，但我很关心你，我会在这里陪着你"。有些不恰当的言语，比如"你一切还好吗？"是比较空洞的关心。"我可以理解你的感受"，这句话要谨慎使用，除非有类似的经历，否则对方会觉得你的共情是虚假的。

三、对好友的哀伤共情过度，该怎么办？

哀伤对于很多人来说，都是一个没有经过学习的议题，你感到痛苦、无力，这很正常。在帮助别人时，你可以告诉你的朋友你很关心他，但同时也需要保护自己的情感，我们也要有自己的边界。

如果你感觉好像还没有帮助到好友，自己出现了内疚、难过的心情，那么你可以告诉自己"我并不是一个专业助人者"，如果对方的哀伤情绪不能通过自身和朋友的帮助好转，就该建议对方寻求专业的咨询或精神卫生服务了。

如果好友的哀伤让你长时间处于悲伤、压抑的情绪中，你可以多一些自我的空间去游玩、运动等，多向他人倾诉自己的感受。

如果好友的哀伤引发了你关于死亡、哀伤议题的思考，那么你可以先试着与他人讨论，最好不要自我反刍。因为人处于悲伤情绪时，看待世界可能会更负面。

有时候，朋友可能只需要一个倾听者，你可以提供倾听和陪伴，而不必总是寻求解决问题。

四、家庭中重要亲人逝去后，我和家人将何去何从？

家庭是一个系统，因此哀伤也是整个家庭系统的哀伤。某一位成员离世后，由他（她）承担的家庭的角色和功能的逝去，会给家庭原有的结构、成员间的关系、家庭的社会经济地位等不同层面带来巨大的影响。当你自己用健康而安全的哀伤处理方法时，其他家庭成员也会受到带动作用的正向影响。关于家庭哀伤的应对方法，从双程模型的角度看，包括以下两个方面。

第一，共同面对和表达哀伤。我们渴望自身的哀伤反应被理解和接纳，同时也要接纳其他家庭成员与自己不同的反应。这可能需要时间和耐心，因为每个人的接受速度和方式都不同。在理解和关爱的氛围下，家庭成员可以一起表达他们的感受和哀伤。这不仅有助于个人情感的释放，还能增强家庭成员之间的联系。

第二，适应新的家庭角色。丧亲可能会改变家庭内的角色和责任。对于大学生来说，最重要的是思考自己在家庭中承担的角色。从社会功能上来说，有的同学需要承担经济责任，有的同学需要承担家庭事务。同时，家庭中的心理角色也需要调适，比如，现在谁是主心骨、照料者、保护者、被照料者、倾诉者、倾听者等。在这个过程中，相互支持和理解至关重要。慢慢地，新的家庭角色和生活方式稳定下来后，哀伤会逐渐平复。

五、我可以从哪里得到专业的心理服务？

当我们感觉哀伤反应持续时间较长，难以通过自己和身边人来调节，并且明显影响到了学业和生活时，就可以考虑寻求专业的心理服务。

专业心理咨询的话，建议先求助所在高校的心理中心，然后再考虑校外的咨询资源。公众号"临床与咨询心理实验室"上公示过一批"哀伤咨询师"，可以从其中寻找相关资源。

精神科医院的话，建议找三甲医院或精神专科医院。就医时，要跟医生说明自己当前的心理状态是否受丧失影响，并请医生区分自己是抑郁、病理性哀伤或是其他情况。

针对大学生的自助学习资源，推荐以下内容：

（1）胡连新译，约翰·詹姆斯等著，《哀伤平复自助手册》. 2011. 北京：人民卫生出版社。

推荐原因：这是一本系统的哀伤议题的自助小手册，不仅仅针对一次哀伤，而是帮助你梳理哀伤和死亡等议题，获得成长。

（2）唐晓璐译，梅根·迪瓦恩著，《伴你走过低谷：悲伤疗愈手册》. 2023. 北京：机械工业出版社。

推荐原因：这是一本精美漂亮、容易上手的自助手册，书中的图画、练习非常多。

（3）王建平等译，内米耶尔编著，《哀伤治疗：陪伴丧亲者走过幽谷之路》. 2016. 北京：机械工业出版社。

推荐原因：这本书包括很多哀伤辅导的具体技术，可以帮助咨询师，求助者也可以学习。

（4）公众号：临床与咨询心理实验室、哀伤疗愈之家。

推荐原因：这两个公众号，第一个是北师大王建平老师实验室的，该实验室的主要研究方向之一便是哀伤，在国内外都有很大的影响力，可以从中得到很多研究和科普资源；第二个是美国认证的哀伤咨询师刘新宪老师创办的，他会在其中分享很多体会、资料、培训。

参考文献

Burke, L. A., Neimeyer, R. A., & McDevitt-Murphy, M. E. (2010). African American homicide bereavement: Aspects of social support that predict complicated grief, PTSD, and depression: Omega. Omega, 61(1), 1-24. https://doi.org/10.2190/OM.61.1.a.

Doka, K. J., & Neimeyer, R. A. (2012). Orchestrating social support. In Techniques of grief therapy (pp. 315-317). Routledge.

Freud, S. (1924). Mourning and melancholia. The Psychoanalytic Review (1913-1957), 11, 77.

Gillies, J., & Neimeyer, R. A. (2006). Loss, Grief, and the Search for Significance: Toward a Model of Meaning Reconstruction in Bereavement. Journal of Constructivist Psychology, 19(1), 31-65.

Li, J., Stroebe, M., Chan, C. L. W., & Chow, A. Y. M. (2015). The bereavement guilt scale: development and preliminary validation. OMEGA Journal of Death and Dying, 75(2), 0030222815612309.

Lichtenthal, W. G., & Cruess, D. G. (2010). Effects of Directed Written Disclosure on Grief and Distress Symptoms Among Bereaved Individuals. Death Studies, 34(6), 475-499. https://doi.org/10.1080/07481187.2010.48 3332.

Maccallum, F., & Bryant, R. A. (2013). A Cognitive Attachment Model of prolonged grief: Integrating attachments, memory, and identity. Clinical Psychology Review, 33(6), 713-727. https://doi.org/10.1016/j.cpr.2013.05.001.

McNally, R. D. S., Winterowd, C. L., & Farra, A. (2021). Psychological Sense of Community, Perceived Social Support, and Grief Experiences among Bereaved College Students: College Student Journal. College Student Journal, 55(1), 67-79.

McNiff, S. (2004). Art heals. Boston: Shambhala.

Paul, A., Boelen, Marcel, A., & Van, et al. (2006). A cognitive-behavioral conceptualization of complicated grief. Clinical Psychology Science & Practice.

Schut, & Stroebe, M. (1999). The dual process model of coping with bereavement: Rationale and description. Death Studies, 23(3), 197-224.

Shear, K., & Shair, H. (2005). Attachment, loss, and complicated grief. Developmental Psychobiology, 47(3), 253-267. https://doi.org/10.1002/dev.20091.

Shear, M., & Skritskaya, N. (2012). Bereavement and anxiety. Current Psychiatry Reports, 14, 169-175. doi:10.1007/s11920-012-0270-2.

Stroebe, M., & Schut, H. (2013). The dual process model of coping with bereavement: rationale and description. Death Studies, 23(3), 197-224.

Worden, J. W. (1976). Personal death awareness. Englewood Cliffs, NJ: Prentice Hall.

Yu, W., He, L., Xu, W., Wang, J., & Prigerson, H. G. (2016). How do attachment dimensions affect bereavement adjustment? A mediation model of continuing bonds. Psychiatry Research, 238(2016), 93-99. https://doi.org/10.1016/j.psychres.2016.02.030.

贾晓明. (2010). 灾难后丧葬仪式的心理修复功能. 神经损伤与功能重建, 5(4), 250-252.

J. 沃登·威廉著. 王建平, 唐苏勤等译. (2022). 哀伤咨询与哀伤治疗 (原书第 5 版). 北京: 机械工业出版社.

第二部分

大学生哀伤疗愈的专业探索

第三章　大学生哀伤的理论基础

第一节　正常哀伤和延长哀伤障碍

一、正常哀伤反应

面对爱人的逝去，人们常常会出现哀伤反应。大多数人都会体验到强烈的哀伤反应，例如渴望、怀念逝者，情感烦躁，有闯入性的想法等，同时，身体健康和社会功能受到一定损害。

多数情况下，人们都有足够的内部资源和外部支持来充分应对哀伤，并慢慢地重新适应没有死者的生活，从而减少和降低哀伤反应。此外，在应对丧失的过程中，个体也可能出现创伤后成长，例如认识到自己的力量，更加珍惜与他人的关系，对精神层面有新的理解。

二、延长哀伤障碍

虽然大部分丧亲者的哀伤反应强度会在一段时间后逐渐下降，但是部分丧亲者可能会体会并经历严重且影响生活功能的哀伤，发展为延长哀伤障碍（Prolonged Grief Disorder, PGD）。近年来，PGD 被相继纳入《美国精神障碍诊断与统计手册》第五版修订版（DSM-5-TR）和《国际疾病分类》第十一版（ICD-11）（American Psychiatric Association, 2022; World Health Organization,

2020)。DSM-5-TR 和 ICD-11 分别制定了 PGD 的诊断标准，即 PGD-DSM-5-TR 和 PGD-ICD-11。诊断标准具体如表 3-1 所示。两者均围绕分离痛苦（渴望、对丧失的执念）、情绪痛苦、身份困扰、意义丧失、功能障碍、超出社会文化规范以及时间标准等方面进行界定。目前常用的测量工具是《延长哀伤问卷修订版》（Prolonged Grief-13-R），得分范围是 10—50，评分较高表示症状较严重，如果评分 ≥ 30 分，考虑存在延长哀伤障碍症状（Prigerson et al., 2021）。若要确诊疾病，仍需进行精神卫生机构的临床访谈。

表 3-1　延长哀伤障碍的诊断标准

PGD-ICD-11 条目		PGD-DSM-5-TR 条目	
A. 事件和时间	至少有 6 个月前丧失亲密关系的伴侣、父母、子女或其他亲近之人的丧失史	A. 事件和时间	至少 12 个月前失去亲人（对于儿童和青少年，至少 6 个月前）
B. 分离痛苦	持续而普遍的哀伤，表现为以下症状之一：1. 渴望逝者；2. 对逝者的执念	B. 分离痛苦	形成持续的哀伤反应，表现为以下症状之一或两者，这些症状已在大多数日子里达到临床显著程度，并且至少在过去一个月几乎每天都会出现：1. 对逝者的强烈渴望 / 思念；2. 对逝者的思想或记忆的执念（在儿童和青少年中，执念可能集中在死亡的具体情况上）

PGD-ICD-11 条目		PGD-DSM-5-TR 条目	
C.强烈的情绪痛苦	伴随强烈的情感痛苦，例如： 1.悲伤； 2.内疚； 3.愤怒； 4.否认； 5.自责； 6.难以接受死亡事实； 7.感觉自己失去了自我的一部分； 8.无法体验到积极的情绪； 9.情感麻木； 10.难以参与社交或其他活动	C.认知、情感和行为症状	自死亡事件以来，至少出现以下三种症状，并且这些症状已在大多数日子里达到临床显著程度，且至少在过去一个月几乎每天都出现： 1.身份混乱（例如，感觉自我的一部分已经死去）； 2.对死亡事件的强烈不信感； 3.避免与逝者相关的提示(在儿童和青少年中，可能表现为努力避免这些提示）； 4.与死亡相关的强烈情感痛苦(例如,愤怒、苦涩、悲伤)； 5.死亡后的社交和活动再融入困难（例如，无法与朋友交往、追求兴趣或规划未来）； 6.情感麻木（情感体验缺失或显著减少）； 7.感觉生命因死亡而失去意义； 8.因死亡而产生的强烈孤独感
D.功能受损	以上症状导致个人、家庭、社交、教育、职业或其他重要功能领域的显著损害。如果功能仍然维持，通常需要付出额外的显著努力	D.功能受损	以上症状导致社交、职业或其他重要功能领域出现临床显著的困扰或损害

PGD-ICD-11 条目		PGD-DSM-5-TR 条目	
E. 文化标准	这种普遍的哀伤反应在丧失后持续了异常长的时间，显著超过个体所在文化和背景下预期的社会、文化或宗教规范	E. 文化标准	丧失反应的持续时间和严重性明显超过个体所在文化和背景下预期的社会、文化或宗教规范
—	—	F. 其他精神障碍	这些症状不能更好地解释为重度抑郁症、创伤后应激障碍或其他精神障碍，也不能归因于药物（如药物、酒精）或其他医学状况的生理影响

2024 年 10 月 3 日，《新英格兰医学杂志》发表文章《延长哀伤障碍》：延长哀伤障碍是亲友去世后的应激综合征，患者感到持续、强烈哀伤，且时间超过社会、文化或宗教习惯所预期的范围。约 3%—10% 的人在亲友自然死亡后患上延长哀伤障碍，但在子女、伴侣去世或亲友意外死亡的情况下，发病率更高。临床评估时应排查抑郁、焦虑、创伤后应激障碍等。针对哀伤的循证心理疗法是主要治疗手段，目标是帮助患者接受亲友已经永远离去的现实，在没有逝者陪伴的情况下重新过上有意义的、令人满意的生活，逐渐消解对逝者的怀念（Simon & Shear, 2024）。目前只发现一项关于药物的前瞻性、随机、安慰剂对照研究，该研究并未证明西酞普兰对延长哀伤障碍症状有效，但将其与延长哀伤障碍疗法联用时，确实对合并的抑郁症状有更大疗效（Shear et al., 2015）。对于延长哀伤障碍循证心理疗法无效的患者，应进行重新评估，以确定可能导致症状的身体或精神疾病，尤其是可以通过针对性干预成功解决的症状，如创伤后应激障碍、抑郁症、

焦虑症、睡眠障碍和物质使用障碍。

三、延长哀伤障碍的鉴别诊断

延长哀伤障碍对丧亲个体家庭、社会和职业功能的损害程度同其他心理障碍（如抑郁和创伤后应激障碍等）相当。同时，延长哀伤障碍同其他心理障碍具有显著差异，它的核心是持续且强烈的哀伤反应，是与强烈情感痛苦和功能损伤相关的独立心理障碍（Maciejewski et al., 2016；谢秋媛等，2014）。

延长哀伤障碍与抑郁症在情感焦点、自我评价及生理反应方面存在显著差异。延长哀伤障碍患者的核心特征是对逝者的强烈思念与分离痛苦，表现为对逝者的持续渴望和无法接受死亡事实，其情感体验主要围绕丧失事件展开；而抑郁症则以广泛性情绪低落、兴趣丧失及快感缺乏为主要表现，情感体验不局限于特定事件，而是弥漫于生活的各个方面。在自我评价方面，抑郁症患者常伴随强烈的自我贬低与无价值感，表现为对自身能力、外貌或未来的全面否定；而延长哀伤障碍患者的自责多聚焦于"未能阻止死亡"或"未尽责任"，其自我评价的负面性通常与逝者相关。此外，抑郁症可能伴随食欲、睡眠的全面紊乱，表现为食欲减退或暴食、失眠或过度睡眠等非特异性生理症状；而延长哀伤障碍患者的生理症状（如哭泣、失眠）常与逝者相关记忆直接关联，具有情境特异性。这些差异表明，延长哀伤障碍与抑郁症在心理病理机制及干预重点上存在本质区别。

延长哀伤障碍与创伤后应激障碍在侵入性思维内容、回避行为指向及情感体验方面具有明显不同。延长哀伤障碍的侵入性思维多围绕逝者的积极回忆或未完成的关系展开，表现为对逝者的怀念或对未实现愿望的执念；而创伤后应激障碍患者的闯入性记忆则与创伤事件本身的恐怖细节相关（如血腥画面或危险场景），其内容通常具有威胁性和消极性。在回避行为方面，延长哀伤障碍患者回避的是与逝者相关的日常提示（如照片、共同活动），其行为旨在减少对丧失事件的直接接触；而创伤后应激障碍患者回避的是创伤相关线索（如地点、声音），其行为旨在避免与创伤事件相关的潜在威胁。在情感体验上，延长哀伤障碍以悲伤、孤独感为主，表现为对逝者的深切怀念和对未来生活的无意义感；而创伤后应激障碍伴随强烈的恐惧与警觉性增高，表现为对潜在危险的过度警觉和情绪易激惹。这些差异表明，延长哀伤障碍与创伤后应激障碍在心理病理机制及干预策略上需区别对待。

第二节　大学生的丧失与哀伤

一、大学生的心理发展特点

按照埃里克森发展阶段论，大学生正处于成年早期阶段（18—25岁）。处于成年早期的大学生，刚刚化解青春期自我认同与角色混乱的冲突。自我认同变得更有组织和精确化，自尊开始分化。埃里克森指出，成年期的发展课题是确立自我认同，建立和发展亲密关系。对自我认同的确认，以及与人开始、发展和建立亲密关系成为大学生新的人生课题。具有稳定的自我认同的年轻人才具备与人建立亲密关系的勇气，并在与人建立亲密关系时有能力处理好自我同一性与他人同一性融为一体的问题。在与他人建立亲密关系的过程中，为了与人建立真正亲密无间的关系，年轻人就会有自我牺牲或自我丧失，从而获得亲密感，否则就会产生孤独感（罗伯特·费尔德曼，2013）。

林崇德（2018）认为，成年早期的发展课题更强调学习与熟练的过程。尤其是要完成社会角色的变化，例如从高中生到大学生，从单身到有配偶，从学生到职业人员，从非公民到公民。大学生或许刚从高中步入大学，经历着人际关系扩大，与家庭分离而独立，面临着适应问题、分离—个体化、学业压力、人际关系、恋爱关系等多个议题；或许正在筹划下一阶段的进修、升学及就业，需要面对和解决很多现实的挑战。同时，大学校园的主流文化是发展、收获和成长，而死亡和丧失与主流的大学校园文化是冲突的。因此，当经历丧亲时，大学生更容易受到挑战。

二、大学生的丧失现状

根据国家统计局数据，2022 年我国在校大学生（含本专科及硕博研究生）总数约 5892 万。国外的研究表明，40% 以上的大学生在任意两年内有过丧亲经历（Cox et al., 2015），25%—38.4% 的大学生在 24 个月内经历过丧失并表现出哀伤反应，其中 0.5%—12% 发展为延长哀伤障碍（Al-Gamal et al., 2019）。

研究指出，死亡和丧亲哀伤是年轻人生活中的"正常"经历（Walter, 1999）。英国的一项研究发现，92% 的年轻人报告，在 16 岁以前经历了亲密关系或重要关系的丧失（包括宠物），在 18—25 岁时，这样的经历更为普遍（Harrison & Harrington, 2001）。根据美国社会保障管理局的数据，6.1% 的 13—17 岁的青少年经历过父母死亡，当他们年满 18 岁以后，这个数字还会上升（Ayers et al., 2003）。研究发现，兄弟姐妹的死亡数据很难确定，但似乎与父母的死亡数字相似（或略低）（Harrison & Harrington, 2001）。而亲密朋友的死亡数据更难确定，但有证据表明，这种情况可能是家庭丧亲的两到三倍。有研究表明，在青少年人群中，报告亲密朋友死亡的人数为报告父母或兄弟姐妹死亡的两倍（Meltzer et al., 2000）。在大学本科生样本中，超过30%的人报告在过去一年内有一位亲密好友离世，超过45%的人报告在过去的两年内有一位亲密好友去世（Balk, 1991）。

总的来说，绝大多数年轻人在18岁之前都会经历一位亲密或重要他人的死亡。从这个意义上说，丧失在统计学上是成长过程中"正常"的经历。

三、大学生的哀伤反应

丧亲是一种常见的经历，大多数人在人生的不同阶段都要面对亲密朋友或亲人的死亡。而与之相伴随的哀伤反应也是个体普遍出现的体验，研究表示，50%—85%的个体会在失去亲友的最初几周到几个月的时间内体验到哀伤相关的反应，然而，人们在悲伤程度和持续时间方面存在明显的个体差异（Bonanno & Kaltman, 2001）。哀伤反应表现在多个层面上：情感上，人们会体验到强烈的悲痛、愤怒、痛苦、寂寞、内疚、自责、无助、震惊、麻木、解脱、苦苦思念等；认知上，个体在得知亲友死亡后的第一反应往往是不相信、否认，反复回忆逝者，甚至出现幻觉，觉得逝者仍然存在；生理上，有时会出现胃部空虚、胸闷、噪声敏感、解体感、呼吸急促、口干舌燥、喉咙紧迫、胸口紧绷、肌肉无力、缺乏精力等反应；行为上，个体会失眠、出现食欲障碍、心不在焉、社交退缩、梦见逝者、寻找逝者、唉声叹气、坐立不安 / 过动、常常哭泣、避免提起逝者、不能看见逝者的遗物等（沃登，2022）。在丧失初期，个体表现出强烈而严重的哀伤与悲痛，也就是急性哀伤，包括震惊和不信任感，对逝去亲人的思念，害怕与逝者的分离，感觉与生活脱节，以及渴望从习惯角色和责任中获得一段时间的喘息。

徐洁（2008）发现，12 岁以上青少年的丧亲反应与成人类似，只是青少年的哀伤反应可能既与其生理发展特点有关，又与其情绪发展的特点有关，因为丧亲经历可能加剧其自我认同的混乱，或加剧其独立与依赖的冲突，一部分青少年可能会因此怀疑生命的价值，另一部分青少年则可能因此而反省生命的意义。徐洁和张日昇（2011）的一项对 13—29 岁青少年的质性研究表明，处于该年龄段的青少年经历丧亲后，会在个体情绪和认知、环境适应与互动两大方面发生变化，对其生活造成全面的影响，这种影响存在积极和消极的两面性，与个体的自身发展任务产生交互作用，并形成长期影响。

四、哀伤对大学生的影响

经历丧亲事件会影响到大学生的健康、行为、人际关系、认知、情绪、情感和精神功能（Rider, 2014）及学业成就（Walker et al., 2011）。丧亲大学生的平均成绩低于没有经历丧亲的同龄人，他们可能有更大的退学风险（Tinto, 1993; Servaty-Seib & Hamilton, 2006）。经历丧亲的大学生与死者的关系越密切，就越可能因为动机和注意力的改变而遇到更多的学习困难（Walker et al., 2011）。

丧亲之痛还会对丧亲者的情绪或自传体记忆造成破坏，并有可能引发脆弱性增加、身份认同感降低、自卑感或羞耻感增加的问题（Walter, 1999）。重要他人的死亡也可能影响大学生的认同发展，对他们的积极认同改变和消极认同改变造成影响，例如重新安排自己生活任务的优先秩序等（Foubert et al., 2005; Gillies & Neimeyer, 2006; Schultz, 2007）。刚刚步入成年初期的大学生正面临着从自主走向相互依赖，并开始发展成熟的人际关系，家庭成员或朋友的死亡可能会使已经非常艰难的成人初期雪上加霜。

也有研究表明，步入成年早期的大学生在经历丧亲后可能会展现出创伤后成长，包括新的可能性、个人力量、更珍惜生命等（Gillies & Neymeyer, 2006; Wolchik et al., 2008; 徐洁、张日昇，2011）。

第三节　大学生哀伤疗愈的现状

国外的研究发现，在丧亲第一年内，只有约 18% 的大学生会寻求心理咨询服务。大学生指出的、无法获得哀伤咨询服务的原因包括：不知道可用的服务和获取服务的方式；没有时间；认为咨询服务没有帮助；认为自己不需要咨询服务。另一项研究表明，丧亲 6 个月内的大学生主要寻求家人（92.8%）和朋友（85.6%）的支持，仅 6.1% 的大学生会寻求学生辅导中心的帮助，3.9% 的大学生会求助于专业咨询师（Varga & Alice, 2013）。大学生丧亲者主要通过以下途径获得支持：学生服务、援助学生发起的项目，以及制定丧假政策。关于学生服务，学校最常通过以下途径为学生提供丧亲服务：辅导中心（Counseling Center, 98%）、校园事工（Campus Ministries, 94%）、教导主任（Dean of Students, 79%）、住宿生活（Residence Life, 75%）和学生事务工作（Student Affairs, 73%）。最常提供的服务包括个体咨询、团体辅导等（Fajgenbaum, 2007）。尽管专业机构声称可为哀伤大学生提供咨询服务和支持，但研究表明，仅少数有哀伤症状的学生能获得咨询服务支持（Pérez-Rojas et al., 2017）。

目前，国内还没有针对大学生哀伤的心理咨询服务与支持途径方面的研究发表。以笔者在高校心理咨询中心有限的工作经验来看，大学生的哀伤问题似乎很少作为一个专门的议题被正确地对待和及时干预。大学生因经历亲人离世而出现的哀伤反应，往往会被忽视，或常常被报告、诊断为抑郁或焦虑议题。原因可能如下：（1）哀伤是因现实中的丧失亲人而引发，常常容易被人忽视，没有引起足够的重视；（2）对大学生的科普教育及对学校心理咨询工作者的专业培训不够，影响了对哀伤症状的识别、评估及干预。

国内对于哀伤的研究相比国外起步较晚，研究多集中在流行病学、测量工具本土化、病理机制等方面。近年来，国内研究者已逐步认识到延长哀伤障碍的危害，相关的研究报告也越来越多，尤其是与失独父母相关的研究。临床实践上，国内的临床工作者在几次重大灾难发生后开始进行对丧亲者的心理介入和预防工作。在2020年新冠疫情期间，中国心理学会临床与咨询专委会哀伤学组与北京师范大学携手组建了哀伤研究与干预团队，及时为疫情中的丧亲者提供心理援助服务（Tang et al., 2021），推动了国内哀伤咨询的发展。然而，目前国内的哀伤领域研究侧重的群体主要为失独父母，对于大学生丧亲群体的哀伤干预研究还鲜有记载。

第四节　哀伤的主要理论

一、依恋理论模型

鲍尔比最早提出了依恋理论，认为依恋是个体在生命早期与主要抚养者之间形成的一种特殊且稳定的情感联结，这种联结不仅影响个体的心理健康，还对其后续的人际交往、情感生活产生深远影响（Bowlby, 1980）。希尔和沙伊尔于 2005 年提出了针对丧亲人群的依恋模型（Shear & Shair, 2005）。该模型参考了鲍尔比基于依恋理论而形成的丧失理论观点和霍弗基于母婴分离的理论所形成的哀伤观点（Bowlby, 1982; Hofer, 1996）。

该模型的核心观点在于，当依恋对象死亡时，个体与重要依恋对象的关系受到威胁，与之对应的保持亲近关系的心理表征和依恋对象的死亡事实之间存在暂时但不可调和的不匹配。这种不匹配，简单来说就是指当亲人去世时，丧亲者心里会非常难受，感到矛盾和混乱。因为他们心里想要和这个亲人保持亲近，但是现实中这个亲人已经去世了，这两个想法怎么也合不到一起。丧亲之痛引起的压力激活了依恋系统，依恋在情绪调节中起关键作用，可以在应对压力时建立安全感，通常情况下，我们依靠和亲人的亲密关系来帮助我们平复情绪，从而感到安全。然而，依恋对象的不可获得性，导致情绪调节系统无法发挥作用，从而导致了严重的哀伤症状，比如寻找逝者、思念与渴求、强烈的悲痛以及对生活其他方面缺乏兴趣（Maccallum & Bryant, 2013）。

从依恋角度来说，哀伤的适应体现在心理表征的变化上，也是与逝者的关系，当依恋对象离世，丧亲者需要一段时间更新依恋图式来适应没有逝者的世界和生活。具体来说，安全型依恋风格的个体能够重建或发展新的依恋关系，更新旧的依恋图式，从而适应哀伤；而不安全型依恋会让个体固着于以往的依恋关系，阻碍个体产生新的依恋关系，从而产生心理痛苦，不利于丧亲后的适应。他们会无法接受死亡事实、回避与死亡事件相关的线索并对外界失去兴趣，同时，死亡事件还会损害他们的社会功能（Shear & Shair, 2005; 唐苏勤等，2014）。

根据施特勒贝等人的观点，不安全型依恋可以进一步分为：（1）占有依恋型，丧亲者极度思念逝者，倾向于理想化对方，依恋强度高；（2）回避依恋型，丧亲者试图去否认或回避依恋的需求，表现出忽略甚至贬低逝者，回避与逝者有关的回忆或想法等；（3）恐惧依恋型的丧亲者则表现较为矛盾，一方面渴望保持与逝者的连接，另一方面又想舍弃（Strobe et al., 2010; 王建平、刘新宪，2019）。

二、任务模型

1982 年，沃登在他的著作中首次提出任务模型，并在后续研究中进行过多次修改和更新。哀伤任务模型包括以下四个任务，说明了丧亲者适应哀伤过程中所需要面对的议题（沃登，2022）。（1）接受亲人已经离世的事实。丧亲者需要从心理上承认并接受亲人去世的现实性，这是哀伤适应过程的第一步。（2）处理因丧亲带来的哀伤痛苦。这一任务涉及丧亲者如何应对失去亲人所引发的复杂情感反应，比如悲伤、愤怒、内疚和孤独等，允许自己体验这些情感，并通过健康的方式表达和处理痛苦。（3）适应没有逝者的环境和生活。丧亲者需要逐步调整自己的生活模式，以适应亲人不在的新世界，这包括三个层面上的适应：内部适应、外部适应和精神适应，具体可见图3-1。（4）重新安置对逝者的情感，找到纪念逝者的方式，并带着它继续生活。这一任务要求丧亲者在心理上重新定位与逝者的关系，并找到健康的纪念方式，将对逝者的情感重新安置到生活中，以建立持续性联结。

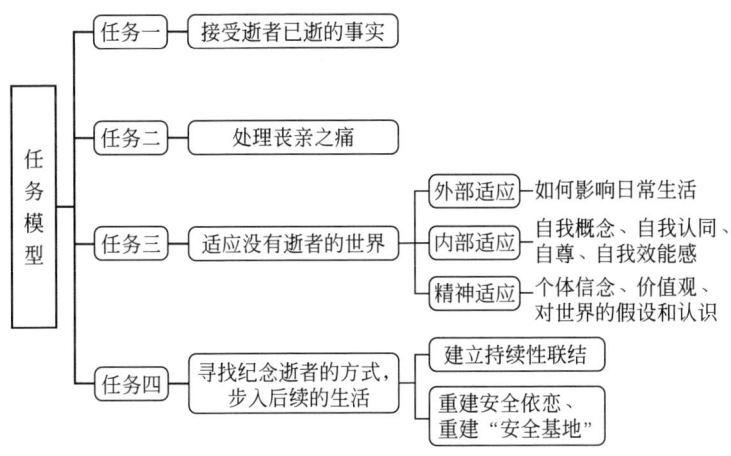

图 3-1　任务模型（Worden, 1991）

哀伤四任务模型呈现了哀伤适应过程中必要的疗愈性的基本活动，也提供了哀伤咨询的工作目标（Brown, 2010）。沃登强调，这四个任务并非线性的阶段任务，而是相互联系的，丧亲者会在哀伤适应过程中，于任务间交叉或反复。

三、双程模型

施特勒贝和舒特整合了压力理论以及任务模型等以往的哀伤相关理论，提出了应对丧失的双程模型（Dual Process Model of Coping with Bereavement, DPM）。DPM 定义了两类与丧亲相关的压力源——丧失与恢复，在丧亲个体的适应过程中发挥着重要作用（Stroebe & Schut, 1999）。

丧失导向（Loss-oriented）聚焦于丧失和逝者，密切围绕丧失事件本身，例如处理哀伤相关的闯入想法、处理与逝者的心理联结、否认或回避恢复性的改变、对哀伤的意义重建等。尤其是丧亲初期，丧亲者表现出各种形式的哀伤反应。恢复导向（Restoration-oriented）则关注丧失的后果，涉及应对丧亲后生活的改变，在这一过程中，丧亲者须面对丧失事件给日常生活带来的各种压力，重新规划生活，比如掌握逝者曾承担的功能（如做饭、管钱），适应新的角色和关系，从哀伤中分散注意力等。

在传统的哀伤理论中，许多研究者重视情绪调整，而把回避策略看作一种消极应对，但 DPM 强调回避是重要的哀伤疗愈策略之一。施特勒贝和舒特认为，适应性的哀伤应对包括有时直面压力，有时回避压力。丧亲者在适应哀伤的过程中，会根据情况在"丧失"和"恢复"两种导向之间摆荡，既尝试接近哀伤，又会在某些时刻远离哀伤痛苦。若丧亲者在哀伤过程中没有出现摆荡（无论滞留在丧失导向还是恢复导向），比如过度沉浸在丧失的悲痛当中，或者是一味去抑制哀伤，忽视了另一过程，都可能会导致病理性哀伤反应的发生（Stroebe & Schut, 1999; Stroebe & Schut, 2010）。

针对丧亲者在丧失导向和恢复导向之间来回游移时表现出的不同摆动特征，有学者将其定义为不同的状态。（1）灵活摆动型，指丧亲者可以在两种导向中正常摆动，即使处于丧失导向中，也可以从积极的角度来评估丧失经历。（2）丧失导向型，例如长期悲痛者常常沉思默想逝去的亲人，他们强迫性地让自己停留在丧失导向的经验里。（3）恢复导向型，通常人们对恢复存在一种误解，将其片面理解为完全积极的，但恢复导向同时也可以是一种隐形压力，比如丧亲者压抑哀伤，在丧亲早期回避表达。被压抑的消极情绪可能会转化为躯体症状。这类倾向于恢复导向而回避丧失导向的丧亲者也容易发展出延长哀伤。（4）摆动紊乱型，丧亲者面对丧失事件时既不能接纳丧失事实，又不能有效应对丧失后果，表现出回避和焦虑（Stroebe et al., 2005；刘建鸿、李晓文，2007；王建平、刘新宪，2019）。

双程模型很好地说明了哀伤反应的动态过程，强调不同取向的应对方式间的平衡是哀伤适应的关键（见图 3-2）。

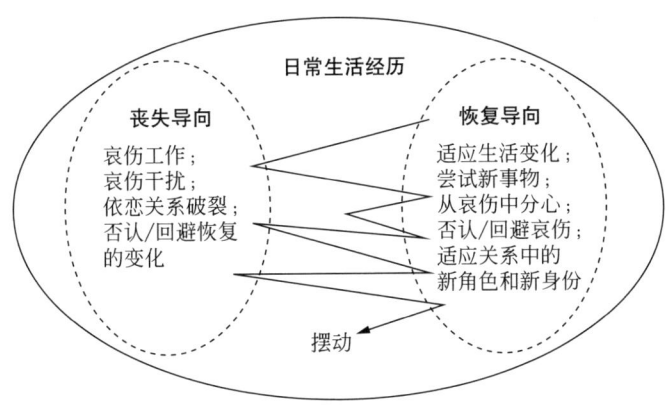

图 3-2　应对丧失的双程模型（Strobe & Schut, 1999）

四、认知—行为概念化模型

博伦等于 2006 年基于认知—行为理论提出了认知—行为概念化模型。博伦等认为，在延长哀伤障碍形成、发展和维持的过程中，关键的加工过程有三个：（1）不能充分整合丧失经历与自传体记忆库；（2）负面信念与对哀伤反应的歪曲理解（对世界、自我、未来和哀伤反应的负面评价）；（3）抑郁和焦虑的回避策略（Boelen et al., 2006）。

如果个体不能将丧失整合到自传体记忆中，关于逝者的闯入性记忆会更容易被触发，同时个体无法接受逝者已经离开的事实，感到逝者仍然活着。此时，个体对自我、逝者、外部世界和死亡事实的心理表征就出现了混乱。这种原有心理表征和死亡事实之间的冲突会让丧亲者专注在丧亲事件上，与逝者有关的闯入性想法冲入丧亲者的注意中，丧亲者会非常怀念逝者，并尝试做一些事情恢复与逝者的亲近感。

死亡事件激发了丧亲者对自我、生活和未来的负面信念（例如，我没有价值、生活空虚且没有意义、未来没有希望），这种消极的曲解会强化个体关注丧失的倾向，激发对逝去亲人的过度想念，从而使丧亲者忽视当下，无法进行积极调整；此外，个体对自身哀伤反应的灾难化解释（比如认为自己的悲伤是无法克服的），会导致悲痛、不安的消极感受，进一步产生延长哀伤的相关症状。

有时候，人们会采取一些不健康的方式来应对这种悲伤。焦虑和抑郁的回避策略代表两种适应不良的策略，焦虑回避使得个体压抑有关丧失的痛苦记忆和情绪，拒绝接受亲人去世的事实，却又极力维持与逝者的联系；而出现抑郁回避的个体会拒绝大多数社会、职业和娱乐的相关活动，表现出退缩甚至自我隔离。对于延长哀伤的个体，抑郁和焦虑回避会阻碍其投入到积极的、有意义的活动中，促使其症状的维持。

上述三个核心加工过程是相互作用和影响的（Boelen et al., 2006; Margaret Stroebe, Schut, & Stroebe, 2007）。一方面，负面信念和错误解释会强化个体采取消极回避策略的倾向，并且阻碍丧失这一现实整合进自传体记忆信息库。同时，自传体记忆整合不足导致逝者仍然在世的闯入性想法，可能产生对哀伤反应的灾难化解释，加强负性信念。另一方面，自传体记忆整合不足会阻碍个体良性的适应，加强焦虑和抑郁的回避策略。反过来，回避的行为策略，会使得个体对丧失经历的加工停留在概括化水平，具体化记忆的加工减少，限制他们对独立于丧失个体的、过去和未来的积极经验的加工，阻碍丧失经历与自传体记忆的整合（见图3-3）。

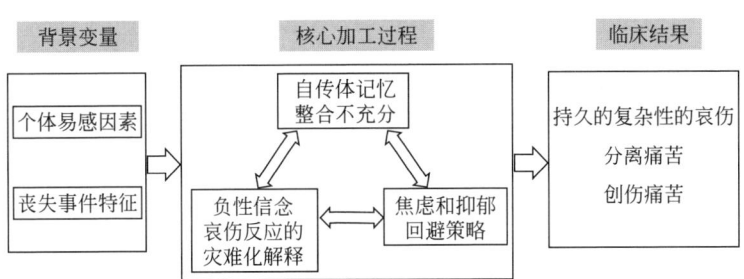

图3-3　认知—行为概念化模型（Boelen et al., 2006）

五、认知依恋模型

麦卡勒姆和布莱恩特回顾了前人研究及延长哀伤病理模型，

提出了认知依恋模型（Maccallum & Bryant, 2013）。该模型将自传体记忆过程（也就是我们对自己人生经历的记忆）作为一个总体框架，整合了自我认同、认知理论及依恋理论（Schut & Stroebe, 1999; Shear & Shair, 2005; Boelen et al., 2006）在延长性哀伤中的作用，从而描述了正常哀伤和病理性哀伤反应的关键机制。

　　麦卡勒姆认为哀伤过程的核心是自我认同（我们如何看待自己）及对逝者的依恋。哀伤应对的关键任务就是在修正自我认同后，整合丧亲经历，促使个体发展新目标，适应新角色，发展新关系。但延长哀伤个体的自我概念建立在与逝者相融合的基础上，甚至觉得自己和逝者是一体的。这种与逝者融合的自我认同会影响他们的记忆、情绪和目标，进而影响自传体记忆库中信息的编码和提取（Conway, 2005），他们会优先检索与丧失事件相关的记忆，从而产生对自我适应不良的评估（比如自怨自艾）以及消极的情绪调节策略，从而出现病理性哀伤症状。

　　根据提出的模型，延长哀伤与没有发展出延长哀伤的个体之间关键的差异在于个体自我概念与逝者相关联的程度。麦卡勒姆认为与逝者融合的自我概念会影响丧亲个体对丧失信息的认知加工，比如表现出对丧失相关刺激的注意回避、非适应性的情绪调节策略及认知评价，抑制对丧失记忆的整合，从而导致沉思、持续性联结等病理性症状（Maccallum & Bryant, 2013）。反之，对延长哀伤人群有助的干预方式，可能是帮助丧亲者改变与逝者有关的记忆检索模式，帮助丧亲者改变其自我认同的建构（见图3-4）。

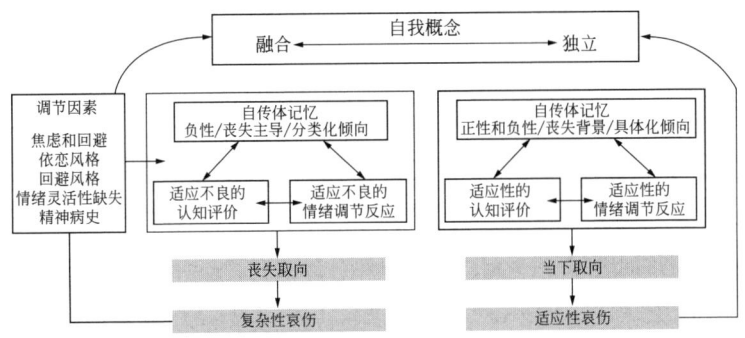

图 3-4　认知依恋模型（Maccallum & Bryant, 2013）

六、意义重建哀伤理论模型

意义重建哀伤理论模型由吉利斯和内米耶尔于 2006 年提出，该理论模型以建构主义理论为基础，整合了依恋理论、认知理论、创伤和应对理论、建构主义理论（Gillies & Neimeyer, 2006）。他们提出，努力寻找、创造或重建意义，是贯穿于依恋理论、认知加工理论、创伤和应对理论等主要的哀伤心理病理模型的核心要素（Neimeyer, 2001）。

该模型从建构主义心理学出发，强调意义重建是丧亲者经历丧亲事件后适应丧失的核心过程。意义重建理论模型有两个假设。假设一，每个人都拥有一个核心的意义结构。从日常活动和优先级、自我认知、人际、对未来的看法、世界观、信仰及灵性等方面体现个体对世界的理解。假设二，所爱之人的死亡可能与个体经历丧失前的意义结构一致或不一致。不一致的丧失会引发冲突，加剧痛苦，迫使哀伤者认识到这些意义不再是真实的、有意义的或有帮助的（Braun & Berg, 1994）。在此情况下，意义重建的过程被启动，哀伤者开始寻找或创造新的意义。寻找和重建意义主要有三个路径：理解丧失（sense making）、寻求益处（benefit finding）和认同改变（identity change）。通过这三种活动，个体能更好地理解死亡事件和事实，从经历中寻求益处，重新定位自己，形成新的自我认同。通过意义重建，哀伤者重建被粉碎的假设世界，恢复秩序感，促进新的领悟和个人成长，借此过程，其丧亲之痛也将得到一定程度的缓解（见图 3-5）。

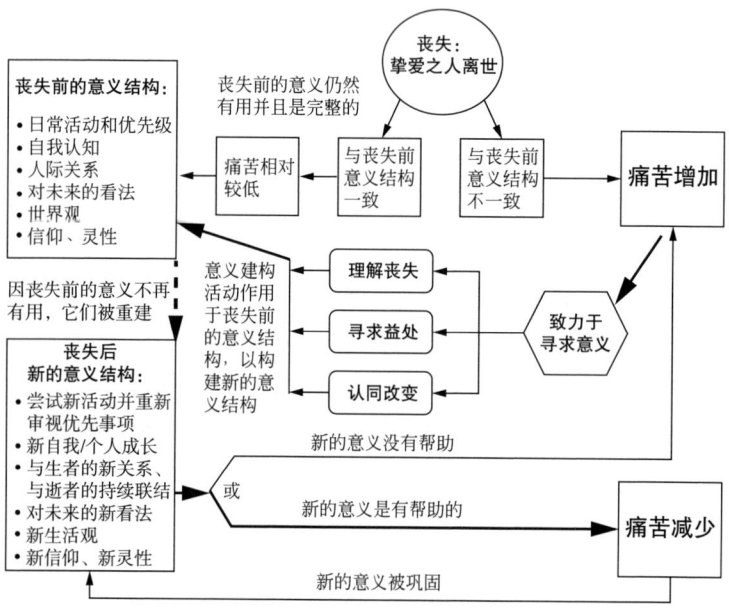

图 3-5　意义重建哀伤理论模型（Gillies & Neimeyer, 2006）

　　在这个模型中，痛苦的变化本身并不被视为一种结果，而是在意义重建过程中起着双重的重要作用。痛苦被视为触发因素，可以启动对意义的探索，或发出成功完成意义重建的信号。痛苦的减少，不是一种结果，应该被视为一个过程。而意义重建也并非一个结果，而是"寻找"和"发现"的过程。

以上模型从不同的角度，如心理联结、依恋、认知加工、自我认同等角度分析了哀伤反应的特征，总的来说，有以下几个要点。首先，哀伤反应都是伴随心理痛苦的情绪反应，例如渴望、不安、矛盾；其次，所有的模型都认可了复杂性哀伤反应（病理性哀伤反应）的存在，并与正常哀伤反应进行了区分；再次，个体与逝者之间的心理联结或依恋方式对于哀伤后的适应过程是很重要的；最后，双程、认知行为和认知依恋模型都强调认知加工过程在哀伤反应中的重要作用，例如情绪调节、认知评价、行为回避、对刺激物的回避倾向。

参考文献

Al-Gamal, E., Saeed, S. B., Victor, A., & Long, T. (2019). Prolonged grief disorder and its relationship with perceived social support and depression among university students. J PsychosocNurs Ment Health Serv, (2).

American Psychiatric Association. APA Releases Diagnostic and Statistical Manual of Mental Disorders, Fifth Edition, Text Revision (DSM-5-TR) (2022). Available at: https://psychiatry.org:443/news-room/news-releases/ apa-releasesdiagnostic-and-statistical-manual-of.

Ayers, T.S., Cara, L.K., Sandler, I.N., & Stokes, J. (2003). Adolescence Bereavement, in T.P. Gullotta and M. Bloom. (Ed.). Encyclopedia of Primary Prevention and Health Promotion. New York: Kluwer Academic/ Plenum.

Balk, D.E. (1991). Sibling death, adolescent bereavement, and religion, Death Studies, 15(1): 1-20.

Boelen, P. A., van den Hout, M. A., & van den Bout, J. (2006). A Cognitive-Behavioral Conceptualization of Complicated Grief. Clinical

Psychology: Science and Practice, 13(2), 109-128.doi:10.1111/j.1468-2850.2006.00013.x.

Bonanno, G. A., & Kaltman, S. (2001). The varieties of grief experience. Clinical Psychology Review, 21(5), 705-734.

Bonanno, G. A., Moskowitz, J. T., Papa, A., & Folkman, S. (2005). Resilience to Loss in Bereaved Spouses, Bereaved Parents, and Bereaved Gay Men. Journal of Personality and Social Psychology, 88(5), 827-843.https://doi. org/10.1037/0022-3514.88.5.827.

Bowlby, J. (1980). Attachment and Loss: Vol. 3. Loss, Sadness, and Depression. Basic Books.

Bowlby, J. (1982). Attachment and Loss: Vol. 1. Attachment (2nd ed.). Basic Books.

Braun, M. J., & Berg, D. H. (1994). Meaning reconstruction in the experience of parental bereavement. Death Studies, 18(2), 105-129.

Brown, J. (2010). The four tasks of grieving: A healing process. In J. J. Jordan & M. A. Neimeyer (Eds.), Loss, trauma, and human resilience: Therapeutic work with ambiguous loss ,45-58. Routledge.

Conway, M. A. (2005). Memory and the self. Journal of Memory and Language, 53(4), 594-628. https://doi.org/10.1016/j.jml.2005.08.005.

Cox, B. E., Dean, J. G., & Kowalski, R. (2015). Hidden trauma, quiet drama: The prominence and consequence of complicated grief among college students. Journal of College Student Development, 56(3), 280-285.

Fajgenbaum., D. (2007). College student bereavement: University responses, programs and policies, and recommendations for improvement. Retrieved from http://hdl.handle.net/10822/550863.

Foubert, J. D., Nixon, M. L., Sisson, V. S., & Barnes, A. C. (2005). A longitudinal study of chickering and reisser's vectors: Exploring gender differences and implications for refining the theory. Journal of College Student Development, 46(5), 461-471.

Gillies, J., & Neimeyer, R. A. (2006). Loss, grief, and the search for significance: Toward a model of meaning reconstruction in bereavement. Journal of Constructivist Psychology, 19(1), 31-65.

Harrison, L., & Harrington, R. (2001) Adolescents' bereavement experiences: prevalence, association with depressive symptoms, and use of services, Journal of Adolescence, 24(2), 159-169.

Hofer, M. A. (1996). On the nature and consequences of early loss. Psychosomatic Medicine, 58(6), 570-581. https://doi.org/10.1097/00006842-199611000-00006.

Iglewicz, A., Shear, M. K., Reynolds, C. F., III, Simon, N., Lebowitz, B., & Zisook, S. (2020). Complicated grief therapy for clinicians: An evidence-based protocol for mental health practice. Depression and Anxiety, 37(1), 90-98.

International classification of diseases,11th revision. Geneva: World Health Organization, 2018.

Lundorff, M., Holmgren, H., Zachariae, R., Farver-Vestergaard, I., & O'Connor, M. (2017). Prevalence of prolonged grief disorder in adult bereavement: A systematic review and meta-analysis. Journal of Afective Disorders, 212, 138-149. https://doi.org/10.1016/j.jad.2017.01.030.

Maccallum, F., & Bryant, R. A. (2013). A cognitive attachment model of prolonged grief: Integrating attachments, memory, and identity. Clinical Psychology Review, 33(6), 713-727. https://doi.org/10.1016/j.cpr.2013.05.001.

Maciejewski, P. K., Maercker, A., Boelen, P. A., &Prigerson, H. G. (2016). "Prolonged grief disorder" and "persistent complex bereavement disorder", but not "complicated grief", are one and the same diagnostic entity: an analysis of data from the Yale Bereavement Study. World Psychiatry, 15(3), 266-275.

Meltzer, H., Gatward, R., Goodman, R., & Ford, T. (2000). The Mental Health of Children and Adolescents in Great Britain: The Report of a Survey Carried out in 1999 by Social Survey Division of the Office for National Statistics on behalf of the Department of Health, the Scottish Health Executive and the National Assembly for Wales. London: The Stationery Office.

Neimeyer, R. A. (2001). (Ed.). Meaning reconstruction and the experience of loss. Washington, DC: American Psychological Association.

Pérez-Rojas, A., E., L., A. J., Bartholomew, T. T., Janis, R. A., Carney, D. M., & A.Jones, S. R. (2017). Presenting concerns in counseling centers: The view from clinicians on the ground. Psychological Services, 14(4), 416-427.

Prigerson, H. G., Boelen, P. A., Xu, J., Smith, K. V., & Maciejewski, P. K. (2021). Validation of the new DSM-5-TR criteria for prolonged grief disorder and the PG-13-Revised (PG-13-R) scale. World Psychiatry, 20(1), 96-106.

Prigerson, H. G., Horowitz, M. J., Jacobs, S. C., Parkes, C. M., Aslan, M., Goodkin, K., ... Maciejewski, P. K. (2009). Prolonged Grief Disorder: Psychometric Validation of Criteria Proposed for DSM-V and ICD-11. PLoS Medicine, 6(8), https://doi.org/10.1371/journal.pmed.1000121.

Rider, R. A. (2014). Unfortunately, What Too Many College Students Need A review of Helping the Bereaved College Student by David E. Balk. New York, NY: Springer Publishing Com.

Schultz, L. E. (2007). The influence of maternal loss on young women's experience of identity development in emerging adulthood. Death Studies, 31(1), 17-43.

Servaty-Seib, H. L., & Hamilton, L. A. (2006). Educational performance and persistence of bereaved college students. Journal of College Student Development, 47(2), 225-234. https://doi.org/10.1353/csd.2006.0024.

Shear MK, Reynolds CF Ⅲ, Simon NM, et al. (2016). Optimizing treatment of complicated grief: a randomized clinical trial. JAMA Psychiatry, 73, 685-694.

Shear, K., & Shair, H. (2005). Attachment, loss, and complicated grief. Developmental Psychobiology, 47(3), 253-267. https://doi.org/10.1002/dev.20091.

Shear, M. K. (2015). Complicated grief. The New England Journal of Medicine, 372(2), 153-160. https://doi.org/10.1056/NEJMcp1315.

Shear, M. K., Simon, N., Wall, M., Zisook, S., Neimeyer, R., Duan, N., ... & Keshaviah, A. (2011). Complicated grief and related bereavement issues for DSM-5. Depression and anxiety, 28(2), 103-117.

Simon, N. M., & Shear, M. K. (2024). Prolonged grief disorder. New England Journal of Medicine, 391(13), 1227-1236.

Stroebe, M., & Schut, H. (1999). The dual process model of coping with bereavement: Rationale and description. Death Studies, 23(3), 197-224. https://doi.org/10.1080/074811899201046.

Stroebe, M., & Schut, H. (2010). The Dual Process Model of Coping with Bereavement: A decade on. Omega: Journal of Death and Dying, 61(4), 273-289. https://doi.org/10.2190/OM.61.4.b.

Stroebe, M., Schut, H., & Boerner, K. (2010). Continuing bonds in adaptation to bereavement: Toward theoretical integration. Clinical Psychology Review, 30(2), 259-268. https://doi.org/10.1016/j.cpr.2009.11.007.

Stroebe, M., Schut, H., & Stroebe, W. (2005). Attachment in Coping With Bereavement: A Theoretical Integration. Review of General Psychology, 9(1), 48-66. https://doi.org/10.1037/1089-2680.9.1.48.

Stroebe, M., Schut, H., & Stroebe, W. (2007). Health outcomes of bereavement.The Lancet, 370(9603),1960-1973. https://doi.org/10.1016/S0140-6736(07)61816-9.

Tang, R., Xie, T., Jiao, K., Xu, X., Zou, X., Qian, W., & Wang, J. (2021). Grief reactions and grief counseling among bereaved chinese individuals during COVID-19 pandemic: Study protocol for a randomized controlled trial combined with a longitudinal study. International Journal of Environmental Research and Public Health, 18(17), 9061.

Tinto, V. (1993). Leaving college: Rethinking the causes and cures of student attrition (2nd ed.). Chicago: The University of Chicago Press. Print.

Varga, & Alice, M. (2013). A Study of Graduate Student Grief and Prolonged Grief Disorder.

Vonbahr, C., Glaumann, H., Mellstrom, B., & Sjoqvist, F. J. T. i. P. S. (1982). In vitro assessment of hepatic drug metabolism in man: A clinical pharmacological perspective, 3(12), 487-490.

Walker, A. C., Hathcoat, J. D., & Noppe, I. C. (2011). College student bereavement experience in a christian university. Omega-Journal of Death and Dying, 64(3), 241-259.

Walter, T. (1999). On Bereavement: The Culture of Grief. Buckingham: Open University Press.

Wolchik, S. A., Ma, Y., Tein, J.-Y., Sandler, I. N., & Ayers, T. S. (2008). Parentally bereaved children's grief: Self-system beliefs as mediators of the relations between grief and stressors and caregiver-child relationship quality.Death Studies, 32(7), 597-620.

Worden, J. W. (1991). Grief counseling and grief therapy: A handbook for the mental health practitioner (2nd ed.). Springer Publishing Company.

Zisook, S., Iglewicz, A., Avanzino, J., Maglione, J., Glorioso, D., Zetumer, S., ... Shear, M. K. (2014). Bereavement: Course, Consequences, and Care.Current Psychiatry Reports, 16(10), 482.https://doi.org/10.1007/s11920-014-0482.

林崇德 . (2018). 发展心理学 (第三版). 北京 : 人民教育出版社 .

刘建鸿 , 李晓文 . (2007). 哀伤研究 : 新的视角与理论整合 . 心理科学进展 , (3), 470-475.

罗伯特·费尔德曼 . (2013). 发展心理学 (第 6 版). 北京 : 世界图书出版社 .

唐苏勤 , 何丽 , 刘博 , 王建平 . (2014). 延长哀伤障碍的概念、流行病学和病理机制 . 心理科学进展 , (7), 1159-1169.

王建平 , 刘新宪 .(2019). 哀伤理论与实务丧子家庭心理疗愈 . 北京 : 北京师范大学出版社 .

J. 沃登·威廉著 . 王建平 , 唐苏勤等译 . (2022). 哀伤咨询与哀伤治疗 (原书第 5 版). 北京 : 机械工业出版社 .

吴秀碧 . (2020). 失落、哀伤咨商与治疗 : 客体角色转化模式 . 台北 : 五南图书出版股份有限公司 .

谢秋媛 , 王建平 , 何丽 , 尉玮 , 唐苏勤 , 徐慰 . (2014). 延长哀伤障碍是独立的诊断吗？——和创伤后应激障碍、抑郁、焦虑的关系 . 中国临床心理学杂志 , 22(3), 5.

徐洁 . (2008). 丧亲青少年哀伤的质性研究及箱庭干预 . (博士学位论文). 北京 : 北京师范大学 .

徐洁 , 张日昇 . (2011). 箱庭疗法应用于儿童哀伤咨询的临床实践和理论 . 中国临床心理学杂志 , 19(3), 419-421.

第四章　大学生哀伤的干预方法

第一节　延长哀伤疗法

一、延长哀伤疗法概述

美国哥伦比亚大学心理学家希尔等提出并逐步完善了复杂性哀伤疗法（complicated grief therapy, CGT），旨在缓解哀伤症状（Shear et al., 2001）。2022 年，希尔团队决定将复杂性哀伤疗法修改为延长哀伤疗法，一方面是考虑到美国心理协会宣布 ICD-11 归纳的延长哀伤障碍（PGD）被纳入 DSM-5-TR；另一方面，过去 CGT 治疗疗效在许多方面与 PGD 相对应。基于此，后文统一表述为"延长哀伤疗法"（prolonged grief disorder therapy, PGDT）（Mauro et al., 2022）。

延长哀伤疗法基于依恋理论，受自我决定理论、自我同情概念、记忆神经生物学研究、奖励系统功能和情绪调节理论的影响，并且整合了人际关系疗法、认知行为疗法和动机式访谈，是一种相对较新的心理治疗模式。

依恋理论认为，在失去依恋对象的极度悲伤中，依恋系统遭到破坏，个体和逝者原本的联结破裂，导致情绪调节系统失去作用，从而表现出强烈的情感痛苦，陷入闯入性回忆，难以适应新生活（Nam, 2016）。而该疗法可以通过双程模型帮助经历丧亲事件的个体从急性哀伤状态中恢复过来，接纳丧亲事实，有效调节情绪，修正包括依恋对象的心理表征等。双程模型假定丧亲者在恢复导向和丧失导向之间来回摆荡，在面对与暂时搁置丧亲痛苦之间找到平衡，从而适应哀伤，如果摆荡失衡，丧亲者容易发展出延长哀伤。

此外，自我决定理论为理解丧亲提供了另一个角度，研究者将归属感、自主性和效能感视为人的基本需要，大学生也正处于自主发展的重要时期，依恋关系的丧失会威胁到这些基本需求。从这个角度来看，该疗法可以通过重新建立满足基本需求的途径来促进对丧失的调整和适应（Ryan & Deci, 2000）。

延长哀伤症状主要表现为持续性强烈的悲伤、极度渴望与思念逝者。然而问题并不在于哀伤本身（哀伤是个体在经历丧亲后的自然反应），而是某些因素干扰了哀伤的适应过程。延长哀伤疗法的主要目的在于缓解延长哀伤症状，促进自然哀悼。在应对丧失的过程中需要自我同情，比如不被认可的负面情绪，这意味着对自我的善意，也是该疗法的重要原则。该疗法主要包括两个部分：一是帮助丧亲者理解和接纳死亡事实和丧失事件；二是关注丧亲者如何应对与丧亲有关的压力，包括如何与逝者重建联结、适应新的角色和环境，并且继续生活和前进（Shear et al., 2005）。

二、延长哀伤疗法的干预研究

作为一种短期的疗法，延长哀伤疗法是迄今为止干预延长哀伤症状效果显著、治疗循证证据最多的有效疗法之一（Shear et al., 2005; Shear et al., 2016; Glickman et al., 2017）。在一项随机对照实验中，丧亲人群被随机分配接受人际心理治疗（interpersonal psychotherapy, IPT）和延长哀伤疗法，研究发现，比起 IPT，PGDT 的治疗更有效（Shear et al., 2005）。此外，希尔等采用前瞻性随机对照临床实验比较了 PGDT 和 IPT，发现 PGDT 的有效率高于 IPT，起效更快（Shear et al., 2005）。进一步分析发现，PGDT 可以显著减轻焦虑和抑郁症状，包括对未来的消极想法和与悲伤相关的回避反应（Glickman et al., 2017）。近期另一项研究显示，相较于常规临床处理，比如哀伤的心理教育和减压指导，PGDT 在减轻延长哀伤症状方面更具优势（Supiano & Luptak, 2014）。由此可见，延长哀伤疗法在改善延长哀伤症状方面的疗效已经得到了广泛验证。

三、延长哀伤疗法的干预方案

延长哀伤疗法以半结构化为特点，治疗过程通常包括四个阶段（开始阶段、核心阶段、中间阶段、结束阶段），共 16 次会谈。每次咨询会围绕一个议程展开，包括回顾上次咨询、讨论丧失和恢复导向的部分、总结与反馈、布置家庭作业。

希尔提出的延长哀伤疗法涵盖七个重要方面：

（1）理解和接纳哀伤。咨询师向来访者解释哀伤和适应哀伤的过程，传递的关键信息包括人们为什么悲伤，自然的、适应性的哀伤的症状和例子，可能使哀伤延长并阻碍其治愈的因素，延长哀伤是什么等。在整个治疗过程中采用积极倾听和协作的方法，结合来访者的观点解释其症状。

（2）管理痛苦情绪。来访者被要求完成哀伤检测日志，每天结束时花 5 分钟回顾他们的一天，确定他们的悲伤分别处于最高和最低水平的时间，用1—10分对其强度进行评分，并记下当时发生的事情。

（3）规划有意义的未来。这一过程通过从动机访谈中修改个人目标来进行，要求来访者想象他们的悲伤处于可控制的水平，并考虑他们想要什么。然后进行目标工作，这可能涉及实现这些目标的步骤、对这些计划的承诺程度、预见到的障碍以及谁能帮助他们。如果来访者对此有困难，可以灵活地调整方式：一种选择可能是让来访者想象如果逝者仍然活着，他们会想要做什么；另一种可能是从简单的奖励活动开始。

（4）加强持续的关系。鼓励来访者重新参与不同的社会活动，并帮助来访者澄清谁可以提供帮助，谁可以与他们分享，并鼓励他们这样做。

（5）讲述死亡的故事。以仪式化的方式讲述死亡故事，报告从第一次得知死亡开始发生的事情，由于来访者讲述的时候情绪会被激活，咨询师可以与来访者讨论情绪调节策略。讲述死亡故事的目的是帮助来访者更好地掌握痛苦的叙述。

（6）学会与提醒物（与丧失有关的）一起生活。情景重访的技术被用来鼓励来访者学会接受提醒，而不是回避提醒。

（7）与逝者的回忆建立联系。这个记忆包括积极的与消极的。咨询师邀请来访者以任何方式谈论记忆，比如携带照片，让来访者感受自己与逝去亲友的联系。

关于治疗过程，具体而言，延长哀伤疗法主要由四个阶段组成。（1）第一阶段：收集丧亲经历等信息，提供有关延长哀伤和延长哀伤疗法的心理教育，介绍哀伤监测日志，并与患者讨论是否邀请重要他人。（2）第二阶段：主要集中在暴露方面，具体的治疗技术包括想象暴露和情景重访，鼓励患者应对痛苦的情感并持续关注个人目标。（3）第三阶段：中期回顾治疗过程，巩固治疗联盟。（4）第四阶段：包括与逝者继续进行想象对话，如果来访者有多次丧失经历，可以在此阶段依照想象暴露和重访的流程谈论第二次丧失，完成并巩固治疗目标，对整个治疗过程进行总结与反思，以及关注终止治疗（Shear et al., 2014）。

四、案例演示

大二学生 A 的母亲在一年前因癌症不幸离世。虽然母亲已经离世一年多了，但 A 仍然感到悲伤，想起母亲时就控制不住地哭泣。母亲对她而言是非常重要的存在，用她的话说，"失去了妈妈就好像世界都崩塌了，我不知道该怎么办"。母亲的离世给 A 带来了沉重的打击。

（一）开始阶段（第 1—3 次咨询）

目标：初步建立咨访联盟，了解来访者的哀伤反应和心理教育，引入哀伤监测日志，关注恢复导向，开始接纳哀伤反应。

第 1 次咨询，咨询师需要收集来访者的信息，包括来访者与逝者的关系、死亡故事、哀伤反应和经历、其他重要关系和家庭情况、宗教取向、个人资源等。另外，延长哀伤疗法以半结构化为特色，因此咨询师一开始需要和来访者一起制订每次咨询议程，通常遵循以下结构：从回顾与制订议程开始，中间部分集中讨论当天的主题，最后总结并制订下周的计划。需要指出的是，遵循结构并不意味着牺牲同理心或见证悲伤的重要性，温和地引导丧亲者找到一个中间点，既不忽视治疗框架，又以来访者为中心。

在讨论下周计划的时候，咨询师通过引入哀伤监测日志帮助来访者觉察日常的哀伤反应，包括每天评估哀伤程度最高点和最低点，以及对应的想法和感受。值得注意的是，咨询师应提醒来访者尽量不以哀伤程度来评判自己。如果在咨询师进行哀伤监测日志的心理教育后，来访者仍不愿意使用日志进行记录，咨询师可与来访者讨论，尝试其他接近哀伤监测日志的方式，比如每次咨询开始的引导询问。哀伤监测日志在整个咨询过程中持续进行。

咨询师也许会这样介绍哀伤监测日志：在哀伤咨询过程中，希望你开始记录和评估哀伤水平，注意哀伤水平的最高和最低程度，并记录下当时在做什么或在想什么。其中 1= 你想象到的最不强烈的哀伤水平，10= 最强烈的哀伤。然后，在一天结束时，对当天的平均强度进行评分（见表 4-1）。

表 4-1　学生 A 的哀伤监测日志

日期	最高值	描述	最低值	描述	平均值
周一	8	与爸爸打电话	4	散步	6
周二	7	学习上遇到了困难	3	完成作业	5
周三	9	下雨天，听悲伤的歌	5	勾起与妈妈有关的回忆	7
周四	8	梦到了妈妈	2	和朋友一起玩	5

第 2 次咨询，简短回顾哀伤监测日志，帮助来访者觉察悲伤强度的自然起伏。随后咨询师与来访者继续围绕丧失与哀伤反应交流，在这一过程中，来访者可能倾向于陷入大篇幅叙述当中，咨询师耐心倾听、共情，更重要的是，在大概 5—10 分钟的死亡故事讲述后，进行总结反馈，然后建议过渡到谈论哀伤反应，例

如:"尽管你知道他/她快要死了,但事情发生时仍然让人感到无措,让我们谈谈你当时的感受和想法。"咨询师对来访者的哀伤反应进行正常化,并提供有关延长哀伤和延长哀伤疗法的心理教育,包括解释哀伤反应的具体内容、适应的过程及可能的结果、导致延长哀伤的原因,共同探索丧失和哀伤给来访者带来的影响,帮助来访者接纳亲友逝世的事实。最后,咨询师使用奇迹问句将话题转向长期目标,让来访者想象哀伤不强烈、不具有破坏性或处在可控的程度,对他/她说:"在这个时候,如果有一个奇迹发生了,你找到了与死亡和解的方法,从哀伤中走出来了,你会想要什么?对自己或未来有什么期待?"来访者通常会感到难以回答,咨询师给来访者留出一些思考的时间。结合动机式访谈,激发来访者美好的愿景和改变的动力,促进来访者在恢复导向的进展。

第3次咨询通常会邀请来访者的重要他人加入咨询,如家人或亲密的朋友。这是为了从另一视角和来访者谈论哀伤。研究表明,陷入延长哀伤中的人很可能会失去和他人的联结,而咨询旨在帮助其恢复这种联结感,促进支持者在哀悼过程中的作用。咨询师通过重要他人了解来访者经历丧失的情况,随后转变为提供延长哀伤的简短信息,然后尝试讨论如何提供支持和帮助,这通常是困难和痛苦的。

（二）核心阶段（第4—9次咨询）

目标:表达哀伤和促进哀伤适应,缓解死亡事件的情感影响,帮助来访者理解痛苦现实;内心重新安置逝者,丧失和恢复导向结合,继续关注现实和长期目标,鼓励重新参与日常生活。关注回避行为，帮助来访者学会与提醒物一起生活，促进理解和接纳哀伤。

第 4 次咨询：首先进行哀伤监测日志回顾和持续性目标的工作。然后引入会谈的重点工作——重温死亡故事。咨询师向来访者介绍想象练习，然后开始录音。首先邀请来访者评估此时此刻感受到的痛苦程度（0—100 分），咨询师努力建设共情、安全、无条件积极关注的想象暴露环境，来访者在准备好的时候，闭上眼睛，讲述第一次得知逝者死讯的过程。咨询师提醒来访者以现在的时态进行描述，并注意回忆和体验自己的情绪和想法。在来访者重温死亡故事的过程中，咨询师定期（每隔 2 分钟左右）打断来访者，没有任何进一步的讨论，记录痛苦水平，在大约 8—10 分钟后结束练习。咨询师与来访者讨论和反思这一想象练习过程，询问来访者的感受和想法。然后咨询师邀请来访者进行另一个关于录像带的可视化练习，帮助来访者在内心重新安置逝者。考虑到在想象暴露过程中来访者经历痛苦的体验，咨询师鼓励来访者进行自我奖励，比如喝杯咖啡等感到愉悦的小活动，直接唤起愉悦情绪来平衡情感上的痛苦。最后持续进行激励性目标工作，讨论现实遭遇的困境与阻碍，以及如何进一步接近目标，关注现实和未来生活。

【重温死亡故事——对话】

片段 1：结束哀伤反应监测日志的回顾后，咨询师邀请 A 进行想象重访，重温死亡故事。此片段中，咨询师让来访者想象回到得知母亲死讯的那一刻，随后，来访者闭上眼睛，开始讲述死亡故事。

咨询师：现在你可以闭上眼睛，回到得知妈妈死讯的那一刻，那一天是一个什么样的过程？

来访者：那天是阴天，我还在学校里上课，因为上课手机静音，没有及时看到电话，下课后看到爸爸的未接来电，突然一种不安感隐隐约约出现，爸爸很少给我打电话。我急忙重新打回去，嘟了几声后，爸爸才接起了电话，然后告诉我妈妈几分钟前咽气了，我愣住了……

咨询师：如果按0—100分打分，100是最强烈的痛苦，你现在感受到痛苦程度是几分呢？

来访者：大概是15分。

咨询师：好的，你做得很好，可以继续说下去。

片段2：回顾与反思想象暴露练习。死亡故事的想象暴露练习大概持续8—10分钟，在此期间，咨询师每隔约2分钟打断来访者，进行痛苦程度记录。随后，咨询师与来访者对练习过程进行回顾和反思，包括鼓励来访者思考死亡故事是如何展开的，观察练习过程中自己的感受和想法等。

咨询师：刚刚我们花了一些时间进行了一个练习，你在讲述的过程当中有什么样的感受？

来访者：我感到痛苦，也会觉得有点困难，从一开始就是，因为不想要那么真实地回到当时的情景。

咨询师：哪一部分让你感觉到困难？

来访者：一点一点，再重新体验一遍那种从希望到渺茫、到失望、再到绝望。

咨询师：刚刚你讲述的画面现在一帧一帧地从你脑海里闪过，你现在能想到，最让你感觉到痛苦的画面是什么样的？

来访者：妈妈离世的第二天，我早上醒来，空荡荡的，在饭桌上吃饭，没有妈妈在厨房忙碌的身影了，我妈妈没了，然后我就一直哭。

咨询师：在刚刚的讲述过程中，你有注意到你的身体有什么样的反应吗？

来访者：我现在感觉有点堵得慌，感觉有点堵得喘不上来气。

咨询师：哪个地方让你感觉到很堵？

来访者：就是喉咙那块很堵。

咨询师：现在请你跟随我做一个深呼吸练习，先用力吸一口气，再吸气……然后慢慢把气呼出去（重复2—3次），现在你感觉怎么样？

来访者：要好一点点。

咨询师：讲述时你感受到痛苦，痛苦是一个很复杂的情绪，它可能隐藏着恐惧、害怕、委屈、难过、悲伤、愤怒、震惊……我想请你仔细区分一下这种情绪。

来访者：我爸爸告诉我消息的时候，我很震惊，什么都没反应过来。赶回家的动车上，悲伤的情绪好像才慢慢涌上来，我想到我是没有妈妈的孩子了，我就觉得自己特别的无助，我不知道该怎么办。

第5次咨询：首先回顾哀伤监测日志，简要讨论来访者听想象练习磁带的经历。接着进行第二次重温死亡故事的想象练习。第二次是第一次的简单重复，终极目的是一致的，但在细节层面上有所不同：第一次练习更多的是让来访者感受这一过程，来访者容易陷入哀伤等负面情绪当中；第二次练习时咨询师提醒来访者其既是参与者又是观察者，与情绪保持适当的距离，既能感受到情绪的强烈，又能从外部观察到情绪，并在反思过程中厘清故事随着重复变化的过程，帮助来访者处理哀伤体验。本次咨询的重点是引入了情境重访，因为广泛的回避会削弱丧亲者接受死亡及其后果的能力，并限制丧亲者的生活兴趣等。在情境重访练习中，咨询师帮助来访者建立回避行为清单与对应痛苦水平，与哀伤相关的回避问卷可用于促进这一讨论，一起探索哀伤过程中的回避模式及其影响。最后会谈进入对理想目标的讨论，咨询反馈与总结以及对每周计划的讨论。

【磁带想象练习——对话】

经历情绪强度高的死亡故事重访后，咨询师使用外化的技术，引导来访者将故事搁置在一边。来访者想象出一盘磁带，将刚刚的练习过程存入磁带中，并将磁带放置在安全的空间里。

咨询师：现在请你闭上眼睛，想象出一盘磁带，它在记录你刚刚讲述的内容，你听到磁带倒带的声音，故事慢慢被存入进去……此刻，你看到磁带已经完成记录，现在你可以用手触碰到磁带吗？

来访者：可以。

咨询师：你现在可以拿起这个磁带吗？

来访者：可以。

咨询师：把它收起来，放在一个你感觉安全的空间里面，你会把它放在哪里？

来访者：我会把它放在我房间的秘密抽屉里，里面都是我重要的东西。

咨询师：你现在在你的房间里，慢慢靠近你的秘密抽屉，打开抽屉，然后将磁带放进去，静静地看磁带几秒，然后把抽屉关上。现在你可以睁开眼睛，把它放下之后，你感觉怎么样？

来访者：感觉要好一些，有些安心、踏实。

第6—9次咨询：除了回顾哀伤监测日记、继续进行想象和情境重访以及持续性目标工作外，从本次咨询开始，还增加了记忆工作，使用了5个记忆工作表，包括与逝者有关的温暖愉快的记忆和困难的记忆等（记忆工作表1和表4见表4-2、表4-3）。另外，关于重温死亡故事，如果在第4次重复后（到第7次咨询）痛苦程度仍然很高，那么困难点重访练习可能会有所帮助。如果死亡故事中某个地方仍然痛苦水平较高，来访者可以多次重复那一刻，放大悲伤体验，促进哀伤适应，但有时可能会让来访者感到不安。关于回避行为，咨询师可与来访者一起探索哀伤回避行为的模式、对哀伤适应的影响等。根据来访者的实际情况，咨询师与来访者谈论回避行为清单中可以尝试的行为，并邀请其在日常生活中实践。理想的情况下，持续性目标的工作转移到来访者在目标实现过程中可能遇到的阻碍、谁可以帮助以及取得的进展等。

表 4-2　学生 A 的记忆工作表 1

1. 列出逝者最可爱的特质	勤劳，爱碎碎念
2. 与逝者有关的最愉快的回忆	小时候和妈妈一起去摘西瓜
3. 列出你最喜欢的逝者的特质	常常陪伴我
4. 逝者给你的生活带来了哪些重要的东西？	妈妈对我的爱
5. 你最喜欢的与逝者有关的照片	在雪山上的合照

表 4-3　学生 A 的记忆工作表 4

1. 你最不喜欢的与逝者有关的回忆	高考填志愿时，妈妈要求我填师范学校，我不情愿，与妈妈大吵一架，然后冷战了好久，之后就是妈妈生病
2. 逝者身上最讨人厌的特质	强势、对我严厉
3. 你希望什么和过去不同？	如果没有那场冷战
4. 有什么你不会错过的？	我不会错过那通电话
5. 人们有时会发现逝者离开后，生活会变得更轻松，什么方面对你来说也是如此？	耳边的唠叨变少了

（三）中间阶段（第 10 次咨询）

目标：回顾总结咨询进展，评估是否存在其他丧失经历或现实人际冲突，以及讨论结束阶段的咨询计划。

第 10 次咨询旨在巩固咨询效果以及规划结束阶段。咨询师与来访者进行咨询中期回顾与讨论，评估在缓解延长哀伤症状和哀伤适应过程中取得的进展，包括哀伤监测日志、持续性目标工作、想象练习、情境重访和记忆表等。为了确定结束阶段的咨询方向，咨询师需要评估延长哀伤症状，以及将结束阶段咨询重点转移到其他延长哀伤相关丧失经历或现实人际关系冲突上的可能性。研究发现，大约25%的延长哀伤障碍患者报告了存在第二次丧失经历，且延长哀伤水平较高，那么转移接下来6次咨询的重点以应对第二次丧失可能会很有用。

（四）结束阶段（第11—16次咨询）

目标：巩固治疗效果，与咨询告别。

第11—15次咨询安排主要包括：（1）讨论哀伤监测日志；（2）讨论关于结束治疗的想法和感受；（3）想象练习（重访或与逝者的想象对话）；（4）讨论情境重访；（5）讨论持续性目标工作。想象对话是结束阶段的核心干预方式，咨询师引导来访者进行想象对话，鼓励来访者向逝者澄清未完成事件，表达真实的想法和感受。在这一过程中，来访者感受逝者的存在，思考逝者及丧失的意义。此外，在第11次咨询会中进行最后的记忆表工作，回忆积极和消极记忆。在咨询的回顾和总结部分，咨询师带领来访者回顾咨询过程和修复性体验，鼓励来访者表达对咨询过程的感受和想法，以及感到困难的地方。随后，咨询转向恢复导向，关注来访者的现实生活，为了更好地应对未来可能遇到的困境，咨询师邀请来访者写下应对卡片。

【与逝者的想象对话】

咨询师：当你准备好的时候，请闭上眼睛（打开录音机），告诉我你现在感受到的哀伤程度。

来访者：20分。

咨询师：想象妈妈刚去世的时候，晚上，你赶到的时候，你看到了什么？你又听到了什么？

来访者：一个冷冰冰的棺材立在那里，爸爸在旁边小声地哭，我好像在哭喊着什么，快速跑过去，想再看看妈妈。

咨询师：你还在继续想象，如果此时此刻有个机会，你可以和妈妈进行对话，你想说些什么？

来访者：(沉默几秒) 妈妈，我来了。你看见我了吗？没能赶上见你最后一面，我好难过好内疚，爸爸和我说你一直在等我，我怎么就没接到那通电话呢，怎么就没接到呢……我好想再听听你的声音，我真的真的好想你妈妈。这段时间，我过得好痛苦，每天都会想到你，想到小时候的美好记忆，妈妈，我舍不得你，没有你我该怎么活下去呀。

咨询师：如果你现在是妈妈（逝者），当听完这番话，你想说些什么？

来访者：我最疼爱的女儿啊，别哭，哭花了脸就不好看了。妈妈也很舍不得你，虽然遗憾不能再多陪陪你，但只要是与你一起的时光都是我珍贵的宝藏，我很幸福，成为你的妈妈。我的宝贝，我爱你，你要相信我永远陪着你，与你同在。

……

咨询师：请慢慢睁开眼睛，告诉我你现在感受到的哀伤程度（关闭录音机）。

第 16 次咨询，咨询师对延长哀伤疗法、治疗过程及治疗目标进行回顾总结，帮助来访者进一步理解哀悼过程。咨询师与来访者一起讨论改变是如何发生的，归纳未来应对困难的具体方法，赋能并肯定来访者的主观能动性和积极优势。结束咨询有时会引起失落和悲伤体验，如果在最后几次咨询中，与结束咨询有关的悲伤强度增加，这可以成为咨询过程中的资源，也就是学习如何应对另一种离别／丧失的经历，因此对咨访关系结束的影响进行充分的讨论和应对非常有必要。最后，咨询以咨访双方真诚的告别和感谢结束。

（注：本节中的案例属于虚构的自编案例，仅用作工作展示。）

五、本节小结

延长哀伤疗法具有半结构化、可操作性强的特点，咨询师可能会觉得相对简单，但事实并非如此。首先，哀伤是一个动态的过程，丧亲者的哀伤反应随着咨询的开展也许会出现反复，咨询师需要根据个体的实际情况灵活调整咨询方案。其次，该疗法可能不太适合存在抵触情绪和依从性较差的个体，比如哀伤监测日志的使用可能会较为困难。另外，在大学生经历重大丧亲事件的同时，现实生活也还在继续，大学生可能面临巨大的挑战，比如学业、情感、人际关系等多方面的压力，这些会进一步诱发丧失和哀伤。总的来说，为了更好地运用延长哀伤疗法帮助丧亲大学生群体，咨询师需要相应的培训，并具备处理延长哀伤的专业胜任力。

第二节　意义重建理论

一、意义重建理论概述

（一）意义重建的来源与定义

"意义建构"一词于 20 世纪 70 年代由建构主义的教育心理学学者提出，在 20 世纪 70 年代末开始流行并广泛使用。在心理学领域，意义建构是指个人对于生活事件、关系和自己，如何塑造、了解或感到有意义的过程（Ignelzi, 2002）。21 世纪初，意义建构理论开始应用于哀伤心理领域研究。就经历丧亲事件而言，人们需要为他们的丧失和哀伤创造出新的意义（Attig, 1996; Neimeyer, 2001）。意义建构可以使丧亲者难以承受的悲惨经历变得可以接受。在帮助丧亲者减少压力的同时，使其可以更有弹性地去面对丧失（Webster & Deng, 2015）。

吴秀碧指出，意义重建（meaning reconstruction）本质上是一种意义建构（meaning making），指一个人对于人、事物原本被赋予的意义和重要性进行再理解，并发现其新的价值和新的重要性（吴秀碧，2020）。

（二）意义重建哀伤治疗程序

内米耶尔和吉利斯于 2006 年提出意义重建哀伤理论模型（Gillies & Neimeyer, 2006），并于 2017 年与阿尔维斯等提出了基于意义重建理论的哀伤治疗程序（Alves et al., 2017）。2001 年以来，内米耶尔带领其团队就意义重建与哀伤疗愈展开了广泛的研究，并发表了大量的成果。其主要的研究及成果包括：（1）2006年，提出了基于意义重建理论的哀伤理论模型；（2）2010 年至

2015 年，开发了一系列针对意义重建的量化测评的评估工具；
（3）2017 年，提出了基于意义重建理论的哀伤治疗程序——"丧失中的意义"（Meaning in Loss，MIL）哀伤治疗程序。

（三）意义重建的三个路径

1. 理解丧失

意义建构、认知和创伤理论普遍支持最棘手的丧失是无法理解、没有意义的丧失，这种丧失将曾经具有意义的一切都抛入了疑惑和混乱之中（Thompson & Janigian, 1988; Janoff-Bulman, 1992; Folkman, 2001）。作为普通人，我们具有一种追求连贯的生命意义叙述的天性，使得我们在无常的世界中找到一种连贯性和可预期性，在生活中感受到秩序感、安全感和控制感。而亲人的离世，打破了这种感觉。

死亡发生后，我们常常会追问，为什么会发生这样的事情，是什么导致了死亡的发生，为什么死亡会发生在我们亲友的身上，为什么我们要承受这样的痛苦，死亡事件对我们的生活意味着什么（Pargament & Park, 1995）。这反映出人们试图通过理解丧失，保持对世界、对生活的秩序感、安全感和掌控感。建构主义理论认为，理解，即发现意义并保持连贯性，与降低哀伤的严重程度相关。丧失者质疑、发现和理解丧亲之痛的过程是哀伤体验的核心（Neimeyer, 2000）。

2. 寻求益处

内米耶尔主张的寻求益处指的是其他学者主张的"学习与成长"，包括了丧亲者在生死哲学观、家庭联结、生活态度和灵性等方面的收获与成长。研究发现，从丧失或创伤中发现益处是赋予事件积极价值或意义的关键手段（Davis et al., 1998）。

在死亡事件发生之前，丧亲者对世界的假设通常是：世界满怀善意，他人可以信任，自己有能力保护所爱之人免受伤害……在亲人死亡后，这一意义结构受到了冲击，甚至被否定、被颠覆。尤其对经历了暴力丧失的人们而言，他们可能目睹了亲人的死亡，发现了尸体，反复地想到或梦到亲人在生命最后时刻所遭受的痛苦和磨难。内米耶尔指出，对复杂哀伤丧亲者的治疗，需要重建他们的假设世界（Neimeyer, 2000）。而寻求益处就在于帮助丧亲者重新审视及反思丧亲经历，以获得新的学习和成长，帮助他们丰富或重建假设世界。

值得注意的是，内米耶尔和安德森指出，发现益处通常不会在死亡事件发生后很快出现，而是在数月甚至数年后出现，并且发现益处绝非一个必然的结果，可能需要依赖一系列成熟的个人和社会资源才能发生（Neimeyer & Anderson, 2002）。

3. 认同改变

建构主义理论认为，通过重构生活中的意义以应对丧失，我们必须要重建自己。认同改变常被视为发现生活的目标或意义，可以帮助丧亲者减少痛苦。

研究表明，在经历亲友离世之后，尽管哀伤痛苦无法避免，但人们也可能会发生积极的改变，研究者们称之为"创伤后成长"（posttraumatic growth, PTG）（Tedeschi et al., 1998）。PTG 的典型特征包括对个人能力增强的感知、与他人建立联结的能力增强、发现生活中的新可能性、促进精神或灵性的理解和联结、增加对生活的欣赏。成功应对丧失的哀伤者报告，他们的自我意识发生了变化，变得更有弹性，更独立和自信；他们还找到了自己新的身份，对生命的脆弱性有了更深的认识，更容易应对后续的丧失，促进了社会关系，增强了同理心，情感上变得与他人更为亲近；他们还经常报告获得了灵性或能力上的成长。

二、意义重建理论的干预研究

内米耶尔的研究发现，意义重建哀伤治疗程序可有效缓解哀伤痛苦，并促进丧亲者的创伤后成长（Neimeyer, 2016; Neimeyer, 2019）。其他的研究证据也支持了意义重建理论模型的治疗有效性，例如针对丧失孩子父母的研究（Keesee et al., 2008），以及针对年长寡妇和鳏夫的研究（Coleman & Neimeyer, 2010）。

内米耶尔在美国、英国、加拿大和葡萄牙等多地与专家学者们展开了合作研究（Alves et al., 2012; Neimeyer, 2016; Alves et al., 2017）。这些合作项目，包括在蒙特利尔犹太总医院与米尔曼合作研究的一组丧亲成人团体，在葡萄牙明荷大学与阿尔维斯合作研究的一项随机实验项目（包括一组实验组、一组轮候等待组的网络团体），在南卡罗来纳医科大学与米尔曼合作的项目，以及与英国罗汉普顿大学的合作研究项目。所有的合作研究项目都取得了不错的干预效果，来访者脱落率明显较低，满意度高（Alves et al., 2017）。内米耶尔在葡萄牙明荷大学与阿尔维斯合作的随机实验项目的研究结果显示，经过 MIL 哀伤治疗程序的干预后，实验组在症状缓解、意义增加、痛苦减轻和个人成长增强方面都显著优于控制组。

三、意义重建理论的干预方案

MIL 哀伤治疗程序分为五个阶段，共 12 次咨询。治疗形式可以是团体、个体，可以是线下面对面咨询，也可以是线上视频咨询。

内米耶尔指出，从叙事角度来看，在丧失之后重建个人叙事涉及两种形式的叙事活动。一是处理死亡事件及其对丧亲者日常生活的影响；二是探索丧亲者与逝者关系的背景故事，以解决与逝者之间的未竟事宜并恢复安全依恋。治疗程序整合了一系列有序的叙事治疗技术，其治疗任务、治疗阶段及概述如表 4-4 所示（Alves et al., 2017）。

表 4-4   意义重建哀伤治疗程序

任务	阶段	概要说明
任务一：处理丧失故事及其对丧亲者生活的影响	第一阶段：重新揭开丧失故事（第 1—2 次咨询）	• 邀请丧亲者介绍挚爱，讲述丧亲者与已故亲人之间的故事，强调逝者的独特品质、能力和生命故事。通过故事将逝者融入丧亲者当下及未来的生活，成为丧亲者应对丧失的资源
	第二阶段：处理丧失的事件故事（第 3—4 次咨询）	• 指导丧亲者绘制其生活轨迹及个人丧失史，包括过往经历中的重要转折和重大丧失，探索其应对丧失的方法及资源 • 结合丧失时间线，全面、深入地探索死亡故事，筛选重要丧失，识别反复呈现的生命议题，并进行整合处理 • 对创伤性死亡，使用复原性重述技术处理创伤故事
	第三阶段：探索意义的来源（第 5 次咨询）	• 基于阶段一、阶段二收集到的素材，针对丧亲者的哀伤反应及主要议题，运用不同的哀伤理论（如双程模型、双轨模型及破碎世界假说等）与丧亲者进行工作，帮助其理解丧失、理解自己的哀伤反应，促进其自我接纳、情绪调节、生活应对及意义重建

任务	阶段	概要说明
任务二：探索与逝者关系的背景故事，恢复安全依恋	第四阶段：重访关系的背景故事（第6—9次咨询）	• 本阶段标志着咨询工作从死亡事件的故事转向与逝者关系的背景故事处理。通过疗愈性写作及生命烙印技术，帮助丧亲者重新开启与逝者的对话，处理未竟事宜，重建与逝者的持续性联结
	第五阶段：整合（第10—12次咨询）	• 运用富有想象力、自我抽离的方式（如虚拟梦境故事、纪念仪式）帮助丧亲者巩固治疗效果，找到纪念逝者的方式，安放对逝者的爱和思念 • 回顾咨询过程，总结咨询中的收获和积极改变，巩固丧失带给自己的积极意义，锚定对实现未来的希望

（一）第一阶段：重新揭开丧失故事（第1—2次咨询）

第1—2次咨询：介绍挚爱。

第1—2次咨询主要通过介绍挚爱技术（Hedtke, 2012），丰厚逝者的生命故事及死亡事件故事，为后续的咨询工作打下基础的同时，帮助识别、聚焦咨询重点。咨询师会邀请来访者介绍已故亲人，包括其生平、死亡；讲述逝者作为家庭成员，与来访者、与家人的关系等，强调他们独特的品质、优势及生活经历。咨询师可以建议来访者借助视频、照片或其他有象征性意义的物品进行介绍。

（二）第二阶段：处理丧失的事件故事（第3—4次咨询）

第3次咨询：生命篇章——丧失时间线。

第3次咨询，咨询师指导来访者绘制其丧失时间线（Dunton,

2012），包括生活经历中的重要转折点及重要丧失，将之划分为不同的生命篇章，并为之命名。通过梳理过往丧失，整合未被处理的丧失经历（包括死亡事件及模糊丧失），总结过往应对丧失的方法及资源。如死亡为非预期性或暴力性丧失时（如自杀或意外事故），对丧亲者感到无法释怀、难以应对的困难情节及困难情绪，运用复原性重述技术（Neimeyer, 2012a; Rynearson & Salloum, 2011）进行干预，以促进来访者的情绪调节，处理其回避应对，促进意义重建。

第 4 次咨询：意义重建访谈。

第 4 次咨询，基于来访者绘制的丧失时间线，咨询师借鉴意义重建访谈的总体框架（Neimeyer, 2006），更全面、深入地探索死亡故事。意义重建访谈框架提出了一系列进入（entry）、体验（experiencing）、说明（explanation）及深化加工（elaboration）的问题，咨询师可以根据来访者的需要灵活运用。当死亡事件具有创伤性或特别让来访者无法释怀，则需要优先处理"体验"及"说明"的相关问题。第 4 次咨询结束时，布置指导性日记作为家庭作业（Lichtenthal & Cruess, 2010; Lichtenthal & Neimeyer, 2012），鼓励来访者围绕特定的议题做进一步的反思，以帮助他们巩固咨询中的新体验，促进理解丧失和寻求益处。

（三）第三阶段：探索意义的来源（第 5 次咨询）

第 5 次咨询：心理教育——哀伤理论模型。

基于前 4 次咨询收集到的素材，根据丧亲者的哀伤反应及反复呈现的议题，运用不同的哀伤理论模型与丧亲者进行讨论。例如双程模型、双轨模型及破碎世界假说理论等。通过心理教育，帮助丧亲者理解他们的哀伤反应，并确定咨询工作的重点（包括情绪调节、认知反思及意义重建、处理回避应对、恢复人际交往等）。咨询结束时，布置家庭作业，指导丧亲者给逝者写一封"再说'你好'"的信件（White, 1989）。

（四）第四阶段：重访关系的背景故事（第 6—9 次咨询）

第 6 次咨询：再说"你好"信件。

第 6 次咨询开始，标志着治疗工作的重点从死亡的事件故事转向与逝者关系的背景故事。其主要工作，是通过"再说'你好'信件"技术（White, 1989），重新开启来访者与逝者之间的直接对话。丧亲者可以在信中向逝者表达自己一直没有机会说出来的话、从未有机会问过的问题，也可以表达对逝者的爱、思念、担忧及遗憾，又或是分享自己的生活、改变、计划与希望。咨询过程中，咨询师可以邀请来访者全部或部分朗读信件内容。随后，与来访者就写信的过程、感受及领悟进行分享。在第 6 次咨询结束时布置家庭作业，让来访者针对"再说'你好'信件"，用已故亲人的口吻给自己写一封回信（White, 1989），对来访者在信中表达的问题、感受及需要给予回应。

第 7 次咨询：挚爱的回信。

来访者完成回信后，在第 7 次咨询中分享或读出信件的内容，随后与咨询师或团体成员分享及讨论回信的过程、想法、感受及领悟。挚爱的回信也可以由咨询师进行朗读，这样做的目的是帮助来访者增强回信是来自外部，而非其内部自我对话的感觉。在第 7 次咨询结束时，布置"生命烙印"练习作为家庭作业。

第 8 次咨询：生命烙印。

第 8 次咨询，旨在通过生命烙印技术（Neimeyer, 2010; 2012b），鼓励来访者回顾已故亲人的生命历程及轨迹，探索及发现已故亲人对丧亲者的影响及塑造（例如价值观、性格特点、生活观念、习惯等），以增强来访者与逝者之间的持续性联结。生命烙印既包括积极的影响，也包括消极的影响。

第9次咨询：增进联结。

第9次咨询，旨在帮助来访者找到更多与逝者建立持续性联结的方式。以近期与逝者关联的背景故事的工作为基础，由来访者报告他们的自我观察与发现。同时，鼓励来访者总结更多可以与逝者建立联结的方式，包括与逝者有关的回忆、与逝者的互动以及感应到逝者存在的时刻等。咨询过程中，咨询师需要采取"退后一步"的工作策略，跟随来访者的节奏和提示，并注意尊重来访者的个人信仰、文化习俗及惯例。

（五）第五阶段：整合（第10—12次咨询）

第10次咨询：虚拟梦境故事。

第10次咨询，咨询师会运用虚拟梦境故事技术（Neimeyer et al., 2011），要求来访者根据给定的6个要素，用8分钟的时间，创作一个以丧失为主题的象征性故事。完成故事创作后，由来访者本人、咨询师或来访者委派的团体成员大声地朗读故事。随后，与来访者一起探索故事情节或元素中反映的一些直观感受和重要主题，以深化故事带给来访者的个人体验，并反思故事对来访者的意义。

第11次咨询：纪念仪式策划。

第11次咨询的重点，是运用纪念仪式策划技术（Doka, 2012），指导来访者策划一个纪念逝者的仪式以缅怀逝者。具体而言，可以发起一个代表已故亲人价值观的慈善项目，也可以策划一个家庭纪念日的活动。

第 12 次咨询: 纪念仪式报告和结束咨询。

最后一次咨询一般包括两个主题: 一是由来访者报告纪念仪式的计划及执行情况; 二是与来访者共同回顾他们在咨询过程中的重要转变及收获。在个体咨询中, 咨询师可以给来访者一份象征性的礼物。如为团体咨询, 可以组织一个结束仪式, 以表彰团体成员在过去几个月里的群策群力、成长与收获。例如由团体成员一起, 每人一行、共同完成一首诗歌的创作。不管是个体咨询还是团体咨询, 结束仪式都是一种简单但令人难忘的方式, 用以纪念治疗工作的结束, 见证来访者生命转变的关键时刻, 并锚定对美好未来的希望。

四、意义重建理论的使用注意事项

首先, 内米耶尔和安德森指出, 并非所有的丧亲者都需要意义重建 (Neimeyer & Anderson, 2002)。经历预期性死亡的丧亲者, 例如老人死亡以及自然死亡, 他们的意义结构并未受到挑战, 其世界观能够与丧失事件和解, 他们不会去寻找意义。而经历非预期性死亡的丧亲者 (例如交通意外事故、自杀、孩子或年轻人的死亡), 以及具有不安全依恋风格的丧亲者, 由于死亡事件与他们原有的意义结构存在强烈冲突而无法适应, 他们可能会遭受更复杂、强烈和长期的哀伤痛苦, 因此, 需要通过意义重建, 帮助丰富或重建他们的假设世界。

其次, 内米耶尔和安德森的研究发现, 意义重建通常是在死亡事件发生后的数月或数年以后出现 (Neimeyer & Anderson, 2002)。因此, 意义重建可能并不适用于仍处在急性哀伤期或哀伤痛苦程度仍然很高的丧亲者。

最后，在通过意义重建哀伤治疗程序与丧亲者进行工作时，尤其是在治疗的早期阶段，需要比较注意相关词语的运用，尽可能地使用一些比较中性的词语（例如使用人生的"议题""功课"或"教训"），而非使用一些容易让来访者感到刺耳、反感或排斥的词语（例如"正面影响""积极影响""好处"等）。

五、案例展示

某大三女生 B，父亲于 1 年半前因突发脑梗去世。该生对于父亲的死亡一直感到震惊、悲伤、难过和不能接受，并感到对父亲的强烈思念和渴望。B 每次谈到父亲离世的事件便会泪流不止。近半年，她开始出现间断的情绪低落，常独自哭泣，回避与人交往。近 1 个月该生的情况加重，变得无法集中注意力，没有动力，作业不能按时完成，感到生活没有意义，并有轻生想法。同时，B 还有失眠和多梦的情况，有时会因梦到与父亲意外死亡有关的情境，半夜哭醒或惊醒。她一方面希望自己能好好学习，按照父亲的期望继续读研；另一方面又因为父亲的死对未来感到迷茫、绝望，认为父亲不在了努力也没有意义。有时，B 会想不如死了算了，死了就可以和父亲在一起了。B 感到痛苦，觉得自己不对劲，主动到学校咨询中心寻求帮助。

（一）阶段一：重新揭开丧失故事

在第 1 次咨询中，首先，咨询师对该生进行了初始化评估，并结合 B 的症状表现，就抑郁及延长哀伤进行了鉴别诊断，考虑该生为延长哀伤障碍。其次，咨询师运用介绍挚爱技术，帮助来访者充实并丰厚了对逝者的生命故事及死亡事件故事的叙述，促进了来访者的哀伤情绪觉察、体验及疏导，帮助来访者理解丧失事件及自己的哀伤反应。

咨询师考虑该生为延长哀伤障碍的依据有三。一是事发超过半年，该生仍表现出对父亲的强烈思念和渴望，感到痛苦，并且学业及社交均受到了损害。二是尽管该生的某些症状与抑郁的表现类似，但是，她的情绪低落及主要症状都与父亲的死亡有关；而抑郁引起的情绪低落常常是弥漫性的，没有具体原因。三是其轻生想法主要源于对与已故父亲重聚的盼望。

【介绍逝者案例】

咨询过程中，咨询师就以下问题，邀请来访者开启一段介绍已故亲人的对话：

- 你的亲人是谁，他是一个什么样的人？
- 他的存在对你而言有着什么样的意义？生命中有他，对你而言意味着什么？
- 回忆与亲人共度的时光，让你感到最温暖、温馨的画面有哪些？
- 有没有哪些时间、地点或方式，能让你回想起他对你来说是多么的重要？
- 关于他的一生，你会想到哪些特别的故事或经历？
- 你觉得他会欣赏你的哪些特点和品质？
- 如果他此刻就在这里，他会建议你如何面对当下的挑战？

- 如果你想要在未来的日子里，继续和他保持亲密的关系，你会怎样做？

【对话片段1】

咨询师：回想起爸爸，让你感到最温暖、温馨的画面有哪些？

来访者：很多。印象最深刻的，可能是小时候的冬天，他每天骑单车接我放学。我坐在单车后座，爸爸带着我，夕阳暖暖地照着，我们骑着车一边唱着歌一边回家。还有可能就是上大学的那年，爸爸妈妈一起开车送我来学校，我们一路自驾游过来，去了很多地方，吃了很多好吃的，很开心、很开心（脸上带笑，边回忆，边微笑，边落泪）。

咨询师：回想起爸爸，有很多很温暖、很开心的回忆，既怀念又痛心不舍。

来访者：是的。

【对话片段2】

咨询师：你觉得，爸爸的存在，对你的生活而言有着什么样的意义？

来访者：爸爸他可能就像是我心中的太阳，我生命中最初的光明和温暖都源自于他。他也是我力量的来源，只要一想到有他我就什么都不怕了。有他在，我就知道自己该往哪里走。

……

（二）阶段二：处理丧失的事件故事

在前两次的咨询中，咨询师了解到该生过往的丧失经历也对她的现状产生了影响。同时，该生对父亲临终前的情景表现出了回避，不想谈论。她表示，只要一提到她爸爸在医院的最后时刻，就会情绪崩溃、痛哭不已。

首先，咨询师在第 3 次咨询中，指导该生完成了丧失时间线绘制（见图 4-1），以此回顾了她过往生命经历中的重大丧失及转变，探索了过往丧失对她的影响，并总结了过往应对丧失的方法和资源。

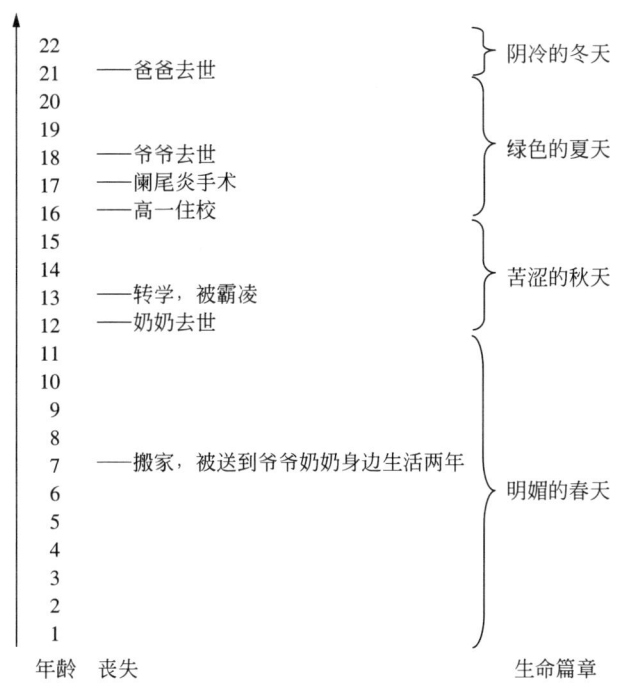

图 4-1　丧失时间线

【丧失时间线的案例】

B 是家中独女，从小到大父母因担心她的人身安全问题，对她极尽保护和约束。总体上，B 从小到大是在父母及爷爷奶奶的保护和宠爱下长大的，生活无忧。B 的爸爸是她最主要的依恋对象。但是，也由于爸爸及家人的过度保护和干涉，B 从小到大缺少探索和主动的人际交往，以至于 B 形成了较为内向、胆小、怕事及过度依赖家人的性格特点，同时，形成了焦虑型的依恋风格。

通过丧失时间线的探索，B 看到了从小到大爸爸及家人的过度保护、过往的多重丧失及爸爸的死亡对她当下自我的塑造和影响，促进了她的自我认知、洞察及反思。结合丧失时间线，重点关注了她所经历的丧失对她的依恋风格、应对方式及独立生活能力的影响。B 最后领悟到：父母及家人的过度保护是她的应对资源也是她的枷锁，她受困于对世界、对人、对生活的各种潜在威胁的过度恐惧之中，畏缩不前。同时，也受困于对家人的依赖之中，尽管向往自由，但也对承担起自己生命的责任感到害怕、不安和不自信。

其次，咨询师在第 4 次咨询中，运用复原性重述技术对 B 在她爸爸临终前的困难情景进行了重述处理。经过本次干预及后续处理，该生对此不再回避。谈到相关情景，她的情绪波动趋于缓和，尽管还会哭泣落泪，但不再崩溃失控，可以稍微平静地进行回忆和叙说。

【复原性重述案例】

咨询师在运用复原性重述技术进行干预时，主要采用"慢动作"（slow-motion）策略，结合稳定化技术，着重从三个层面引导该生进行重述。

- 外部叙事：当时，你看到了 / 听到了 / 闻到了什么？
- 内部叙事：当时，你有什么感受 / 想法？
- 反思、意义重建：现在再去回想，你怎么理解当时的情形和自己的感受 / 想法？

【复原性重述对话片段 1："慢动作"重述】

　　咨询师：你接到爸爸病危的电话后，你很快赶到了医院。当时你在哪儿？看到了什么？

　　来访者：我赶到了医院，我在病房门口，我很着急，很想马上见到爸爸。但是，我好像犹豫了一下，之后又很快地推开门，冲了进去（一边叙述，一边抽泣落泪）。

　　咨询师：好的，B，让我们慢一点。在病房门口，你好像犹豫了一下？

　　来访者：是的。

　　咨询师：那时候，你的内心想到了什么？你有什么感觉？

　　来访者：我很害怕，我不知道推开门之后，等待我的会是什么。

　　……

【复原性重述对话片段 2：处理剧烈情绪】

　　咨询师：你推开门冲进病房，当时，你看到了什么？

　　来访者：我……我看到了爸爸……我看到他躺在床上，戴着那个呼吸的罩子……插了很多的管子……（来访者的情绪剧烈波动，号啕大哭，双手掩面，身体颤抖）。

咨询师：B，我们先暂停一下。来，跟着我深呼吸。慢慢地吸气，再慢慢地呼气。

来访者（跟着咨询师的指引深呼吸）

咨询师：当时，你离爸爸的病床有多远？

来访者：很近，我站在床边，靠近床头的位置。

咨询师：假如你稍微退后一点再看向爸爸，现在你感觉怎么样？

来访者：好像稍微好一点，嗯，稍微好一点。

咨询师：好的，那我们保持这个让你感觉稍微好一点的距离。再看向爸爸，当时，你还看到了什么？

……

【复原性重述对话片段 3：反思、意义重建】

咨询师：现在再去回想，你怎么理解当时的情形和自己的感受？

来访者：我太爱我爸爸了，而事件又发生得太过突然，我根本没有办法接受。另外，可能从小到大，我也没经历过什么大风大浪，再加上我跟爸爸的感情实在是太好了，所以我从来没有想过，他会这么早就离开。我也不知道，没有了他我以后的日子要怎么过，我太难过、太害怕了。

……

咨询师：现在呢，现在你的这些感觉和想法有变化吗？

来访者：有的。现在还是会很伤心、很难过。只是，虽然内心还是不愿意接受这个事实，但可能我已经比过去更能面对它和谈论它了，可能我也开始慢慢地接受现实，面对现实。相对于害怕，可能我现在更多的是遗憾吧。可能我也知道以后的路就要靠自己去走了，是时候要变得坚强起来。

（三）阶段三：探索意义的来源

阶段三，即第 5 次咨询的主要工作是基于前 4 次咨询收集到的信息，结合双程模型理论，引导来访者 B 使用丧失和恢复导向的摆荡策略，不再僵化地沉溺于丧失导向的死亡事件及哀伤反应之中。同时，引导她的摆荡逐渐从僵化、混乱过渡到有序、可控。此外，咨询师与 B 一起，就死亡事件对她的假设世界、信仰体系等的影响进行了反思。

（四）阶段四：重访关系的背景故事

在前面的咨询中，B 曾谈到，由于父亲的突然离世，她没能见到父亲最后一面，感到遗憾和被抛弃，她有很多的话想要跟她的爸爸诉说。对此，在第 6 次和第 7 次咨询中，咨询师采用"再说'你好'信件"及"挚爱的回信"技术对这些未竟事宜进行了处理。

【疗愈性写作案例】

经过使用"再说'你好'信件"和"挚爱的回信"技术的干预，B 表示，当自己在信纸上写下"爸爸"两个字时，她第一次感受到了和爸爸直接对话的感觉，那些再也没有机会说出口的话，终于有了表达的机会。此外，当她以爸爸的口吻给自己回信时，

B 也体会到了爸爸对于离开她的不舍和难过，她还深刻地感受到了爸爸对自己的爱和支持。尽管还是感到遗憾、不舍和难过，但她不再感到被爸爸所抛弃。通过回信，她想起爸爸对自己的期望，B 表示，这让她重新找回了学习的动力和目标。

在第 8 次咨询中，咨询师运用"生命烙印"技术与 B 回顾、探索了她的爸爸对她的积极影响和消极影响，促进了 B 与爸爸的持续性联结及安全依恋的重建。

【"生命烙印"的案例】

在第 8 次咨询中，咨询师邀请 B 用几分钟的时间写下她的爸爸对她的影响。随后，咨询师就以下问题邀请来访者 B 进行了分享和讨论。

爸爸给我留下的印记

- 我的特殊习惯和姿势：
- 我说话、与人交流的方式：
- 我的学习和生活：
- 我的性格特点：
- 我的价值观与信念：
- 我想要肯定并继续发展的印记有：
- 我想要放弃或改变的印记有：

通过"生命烙印"的干预，该生反馈，爸爸对教育事业的热爱影响了她对未来从事教育事业的热情和勇气。想到她的爸爸，B 感觉受到了鼓舞，她期待有一天自己也可以成为一名优秀的人民老师。此外，B 反馈，她的爸爸也教会了她在面对困难时，可以害怕，但不能退缩，只要积极面对，就会找到应对的办法。联想到自己目前的状况，B 认为她也一定能够找到应对的办法。她也回想起每次遇到困难、挫折时，爸爸鼓励她的话语和神情，B 表示感受到了支持和信心，她相信经过自己的努力，她会越来越接近自己想要的目标和生活状态。

除了积极的生命烙印，B 也客观地反思了她的爸爸带给她的消极影响。例如过分的溺爱养成了她不能吃苦、胆小怕事和过分依赖家人的性格特点。B 表示想要做出改变，希望自己变得独立和坚强，日后有能力可以照顾好妈妈。

在第 9 次咨询中，咨询师邀请 B 报告了经过最近几周咨询后她的自我观察与发现。邀请她结合近期的梦境、生活经历和片段、回忆等，总结了更多可以与爸爸建立联结的方式。例如阅读爸爸的藏书、翻看爸爸的读书笔记等。

（五）阶段五：整合

在第 10 次咨询中，咨询师使用虚拟梦境故事帮助该生巩固了丧失带给自己的意义和影响。

【"虚拟梦境故事"的案例】

在第 10 次咨询中，咨询师给出了 6 个元素：一个悲剧性的丧失，一座空荡荡的房间，一个哭泣的孩子，一只会说话的动物，一座山及日出，并邀请 B 在 8 分钟内进行一个快速的虚拟梦境故事的创作。在她完成故事创作后，咨询师就以下问题邀请 B 进行了分享和讨论。

- 对于故事的情节或主角，你会不会有一些共鸣感？
- 这个故事中的哪些情节、元素或主题会让你觉得感同身受？

- 如果你也感觉到被遗弃和害怕，你觉得需要做什么去应对这种感受？

- 如果要给这个故事起个名字，会是什么？

- 如果这个故事有续集，续集的题目又会是什么？

B 表示，当她以一种比较抽离的第三人称的方式去进行故事创作时，联想到自己的丧失经历，似乎也变得没有那么的难以接受了。B 感慨，可能人的成长经历就是这样，我们都会迫不得已地面对一些丧失，会悲伤难过，会遗憾，但最后也会逐渐面对和成长。B 表示，自己从刚开始咨询时完全不能接受爸爸离世的事实，到现在，好像已经慢慢地接受了事实，并且有了一些准备，知道自己是时候要继续往前走了。虽然不想承认，但好像事件确实让自己有了成长，变得比过去更坚强、更独立。

在第 11 次咨询中，咨询师使用纪念仪式技术帮助该生找到了缅怀爸爸、安放思念的纪念仪式。同时，咨询师指导该生策划了纪念仪式的执行计划，并将此作为她和妈妈、爸爸共同期许的未来。

【"纪念仪式策划"的案例】

在第 11 次咨询中，咨询师与来访者 B 讨论了她希望的用于纪念和缅怀她的父亲的纪念仪式。B 表示，很怀念当初上大学时，爸爸、妈妈开车送她入学，一家人一路自驾游的快乐时光，并诉说，当初曾和爸爸、妈妈约定，等放假有时间以后每年都要全家人一起外出旅行。B 提出，暑假想和妈妈一起，带着爸爸的照片，全家人一起去黄山旅游。她还计划，等毕业工作以后，每年都要履行和爸爸、妈妈一起旅游的约定。结合这一想法，咨询师指导 B，按以下框架进行了纪念仪式的详细策划，并就执行仪式可能会遇到的困难、挑战及应对措施进行了讨论。

- 你希望通过仪式达成什么目的？
- 你希望以什么样的形式来进行？
- 在什么地点、什么时间完成？
- 必须要有哪些元素，需要提前做什么准备？
- 这个仪式，你希望有哪些人参与或见证？
- 你在这个仪式里担当怎样的角色？

在第12次咨询中，咨询师与该生总结了咨询中的转变和收获，锚定了她对实现未来的目标和希望。

完成第12次咨询后，该生的延长哀伤症状缓解，她不再有轻生的想法，重新找到了生活目标和学习动力，她对继续读研和成为一名教师的目标变得更加笃定，她的学习、社交和生活回到了正轨，对未来恢复了信心和希望。同时，她在自我认同、人际关系及生活目标等方面均表现出了不同程度的收获和成长。

（注：本节中的案例属于虚构的自编案例，仅用作工作展示。）

六、本节小结

处于成年早期的大学生具有无限的可能。大学生的发展议题是要完成社会角色的变化，自我意识的发展转向内心世界。此时的他们会更关注对生命意义及目标的探寻，更关注对人生观、价值观和世界观的思考。相对于其他哀伤干预方法，意义重建哀伤治疗程序除了能有效缓解丧亲者的哀伤痛苦，还能促进丧亲者的创伤后成长（Neimeyer, 2016; Neimeyer, 2019）。因此，意义重建哀伤治疗程序对丧亲大学生的哀伤干预具有非常重要的应用价值。

值得注意的是，意义重建哀伤治疗程序对于仍处在急性哀伤期，或哀伤痛苦程度仍然很高的丧亲者可能并不适用。

第三节　双程模型

一、双程模型概述

1999 年，荷兰的心理学教授施特勒贝和舒特提出了哀伤的双程模型，强调丧失取向和恢复取向的应对方式是两种压力源，在丧亲个体的适应过程中发挥着重要作用（Stroebe & Schut, 1999）。两位学者之后又对丧失和恢复取向进行了详细划分，比如积极或消极的（Stroebe & Schut, 2001）、个人和家庭的（Stroebe & Schut, 2015）。

（一）丧失取向和恢复取向

丧失取向的应对聚焦于丧失和逝者，主要包括处理哀伤有关的闯入想法、处理与逝者有关的强烈的思念之情、回避恢复性的应对方式。比如，有些同学会因为对母亲的思念难以自拔，常常思考"为什么是我的母亲""我没来得及孝敬母亲"等，同时又感到愤怒和自责；然而又回避同别人倾诉或寻求支持，独自黯然憔悴，觉得不被理解，学业、社交也受到影响。恢复取向的应对包括转移注意力、专注生活的改变、适应新的角色和关系等。比如，有些同学需要面对家庭经济状况的改变，面对自己不再是"孩子"的身份，在悲伤情绪中处理学业，建立新的人际关系等。

（二）哀伤反应的摆荡类型

生活中，丧亲大学生一直处于丧失取向和恢复取向的震荡摆动过程中，比如一会儿思念逝者，感到痛苦，一会儿又担心学业和身体。研究显示，随着时间的推移，这种震荡的频率和强度会降低。摆荡的方式是双程模型的核心关注点，哀伤辅导需要针对丧亲者不同的摆荡方式来干预。

1. 正常摆荡型

正常摆荡型表现出正常的悲伤，仍保留着与逝者的情感联结但逐步减弱，逐渐地适应现实生活，正面重估丧失经验。比如，母亲离世后的大学生能够同家人充分哀悼，表达悲痛之情，同时与其他家人建立更深的联结。回到学校后，能在怀念母亲的同时，重视与他人的表达交流。对于正常摆荡型，咨询师的主要工作策略是适度的理解和情感支持，促进其适应环境变化，发展新的身份。

2. 丧失导向型

丧亲者固着于丧失取向，过度沉浸于与逝者有关的想法和情感中，回避恢复性的活动。举例来说，某同学在母亲离世后，痛苦思念，难以自拔，常常思考"为什么是我的母亲""我没来得及孝敬母亲""我以后不再是有人爱的孩子了"等，同时又感到愤怒、自责和悲伤；然而又回避同别人倾诉或寻求支持，独自黯然憔悴，觉得不被理解，学业、社交也受到影响。对于丧失导向型，咨询师的主要工作策略是使丧亲者适度回避与逝者有关的事物，有效应对哀伤痛苦情绪，更多地参与新的社会活动。

3. 恢复导向型

面对丧失时，人们常常说"往前看，别回头""时间是治愈一切的良药"。然而，恢复导向的应对并非完全是积极的。比如，有的学生完全把自己屏蔽在哀伤之外，忙于学业考试，短期也许转移了痛苦情绪，长期其实不利于哀伤的平复。举例来说，某博士生小时候主要由爷爷奶奶带大，父亲在其初中时离世，母亲改嫁。2个月前，该生的爷爷逝世，丧礼之后该生便忙于和叔叔姑姑打官司，处理遗产的经济纠纷。当官司打完之后，该生表示有种欲哭无泪的感觉。针对恢复导向型，咨询师的主要工作策略是，在肯定其恢复导向的基础上，鼓励其适时地面对内心的情感，适当宣泄内在的积郁和悲伤。

4. 摆荡紊乱型

不能很好地接纳丧失，也不能有效地进行应对，他们对逝者的离去既逃避又焦虑，也担忧自己，心神不宁。对于摆荡紊乱型，咨询师的主要工作策略是与来访者同在同理，理解来访者紊乱的哀伤反应，让其感受到被支持，以更好地接纳事实，从而完成更多的适应议题。

二、双程模型的哀伤干预研究

詹妮弗在针对多重丧失的人群进行工作时，认为单一丧失人群的哀伤辅导，可以采取有序的哀伤辅导方式，但多重丧失会使丧亲者不断地在丧失和恢复之间摆荡，此时双程模型的适用性较强（Hunt, 2004）。艾米通过一项随机对照研究发现，双程组和丧失组都能改善哀伤、抑郁，但双程组相对于丧失组，其焦虑、情感和社交孤独感显著降低（Chow et al., 2019）。莎伦在针对围产期丧失的女性做哀伤辅导时发现，双程模型很好地解释了哀伤反应的摆荡特点，并能促进丧失后的适应（Shannon & Wilkinson,

2020）。

陈林等研究了 2008 年中国汶川大地震中失去孩子的母亲的哀伤体验。在双程模型的指导下，探讨了 6 位丧亲母亲在 2 年的时间里是如何应对这种哀伤的。结果发现，地震发生后，这些母亲陷入了极度的悲痛之中。她们主要是应对以丧失为导向的压力源。随着时间的推移，这些母亲开始关注以恢复为导向的压力源，以面对生活中的变化。丧亲母亲的应对轨迹是一个动态的整体过程，在损失导向和恢复导向的压力源之间摇摆（Chen et al., 2019）。以上研究说明，在各种丧失类型中，双程模型能很好地解释复杂的哀伤反应，并可用于指导哀伤干预。

也有研究者使用双程模型在学校中进行哀伤辅导。卢布福德等认为在哀伤辅导中，双程模型为学校辅导员提供了一个当代的、整体的视角，它考虑了文化、环境和家庭的视角，适合于以有效的方式识别和处理早期青少年的悲伤（Blueford et al., 2021）。米利克等使用双程模型描述了哀伤在儿童发展的不同阶段的表现，以及在不同层次的学校环境的干预。帮助学生度过哀伤始于学校社工对丧失问题的理解。学校社工的其他重要任务包括培训其他成年人帮助学生解决这些问题，并帮助在学校建立一个充满爱心的社区（Mirick & Berkowitz, 2023）。

三、双程模型的干预方案

施特勒贝提出的哀伤干预方案中，丧失取向的应对与沃登的哀伤四任务模型一致，包括 4 个重要方面：接受丧失现实、经历哀伤痛苦、适应没有逝者的生活、情感上重新安置逝者（Stroebe & Schut, 2015; 沃登，2022）。与此同时，恢复取向的应对包括对应的 4 个方面：接受世界的变化、将哀伤痛苦放下、控制环境的变化、发展新的身份和关系。

针对大学生，本书基于研究和实践经验，总结了大学生哀伤干预的双程模型，具体见表 4-5。

表 4-5　大学生哀伤干预的双程模型

	丧失取向	恢复取向
任务 1	• 接受丧失现实 • 不否认丧失的事实 • 面对丧失的应激和其他应激源，来访者缺乏逝者的支持陪伴	• 接受世界的改变 • 应对因丧失而产生的新任务和二级压力源，调整和接受变化了的世界 • 家庭经济压力、安慰家人
任务 2	• 体验和表达哀伤痛苦 • 沉浸在哀伤之中对个人是不适应的 • 闯入性的想法、悲伤、自责、愤怒	• 分散注意力，进行与哀伤无关的活动 • 如果沉浸在丧失中，那么抽出时间来处理次要压力源是很困难的 • 学业压力、社会工作压力 • 潜在的抑郁、失眠等疾病风险
任务 3	• 适应没有逝者的生活 • 对死者的极度渴望和无尽思念是病理性哀伤的症状	• 生活和人际关系的变化 • 丧亲后，家人之间的关系会发生变化
任务 4	• 情感上重新安置逝者 • 在开始新生活的过程中找到与逝者持久的联系 • 内在的持续的联结	• 发展新的身份和关系 • 准备好结交新的关系，适应新的角色 • 不再是他 / 她的孩子

表 4-5 中的 4 个任务有助于我们理解哀伤的发展过程，在哀伤咨询中可以参考这个顺序开展工作，但不意味着哀伤咨询就是按照这 4 个任务来工作的，因为丧亲者会重复经历并解决这些任务，也可以同时解决这些任务，哀伤是一个流动的过程。

四、案例演示

大三男生 C 的父亲于 1 个月前因脑出血意外离世，C 沉湎于悲痛之中，自怨自艾，认为"自己是可怜的，命运悲惨的"，学习生活受到严重影响，难以完成推研工作，对未来的生活感到绝望，不去尝试建立新的关系，回避与人交往。

针对 C 同学，分析其属于摆荡紊乱型或丧失导向型。大学的心理咨询一般 8 次一周期，经过沟通后，与其开展基于双程模型的 8 次咨询方案。

（一）阶段一：面对哀伤阶段

第 1—2 次咨询，首先，咨询师需要确定来访者的哀伤反应、心理痛苦程度，也要确定其现实生活状态、自杀想法等，评估是否需要危机干预或转介精神专科医院。研究表明，丧亲者的自杀风险和抑郁水平都要显著高于一般人群。其次，咨询师需要帮助来访者充分表达对父亲的思念，不仅回忆与父亲死亡相关的事情，还要回顾自己同父亲的美好记忆。因为只有痛苦记忆，人们很容易沉湎其中，出现认知偏差。当来访者的哀伤痛苦被看到，他才更能接受父亲离世的事实。最后，咨询师要询问来访者面临的一些现实压力，比如是否有重大考试，是否有丧葬、经济、法律问题需要处理。

【丧失取向的对话片段】

　　来访者：我觉得自己的运气真不好，很可怜，命运是这么的悲惨。

　　咨询师：父亲的意外离世，让你感到自己很可怜，内心非常悲痛。

　　来访者：是的，这件事对我冲击太大了，我感到悲痛，也难以接受。我现在想到父亲，就会想象他出车祸的情形。

　　咨询师：当你想到父亲出车祸的情形时，你的感受是什么？

　　来访者：我觉得非常痛苦，我想念父亲，我希望这件事不要发生。

　　咨询师：看得出来，你特别思念你的父亲，你们有着很深的感情。

　　来访者：是这样的，父亲对我的学业生活特别关心，因为上学地点远，中小学上学时基本是开车接送我。

　　咨询师：你的父亲对你真的很关心，你脑中最深刻的画面是什么？

　　来访者：我印象最深的就是他开着我们家的小汽车，我坐在后面，有时候睡觉，有时候写作业。但现在他没了……（来访者开始抽泣）

【恢复取向的对话片段】

　　咨询师：我需要和你说明，每次咨询中，我都会花一些时间，和你沟通现实生活中的情况，因为这些也是需要应对的。

　　来访者：没问题。

　　咨询师：你最近的睡眠情况怎么样？

　　来访者：平时都是 12 点睡，7 点起。最近 1 周有 1—

2 天会睡不着，或者早醒，醒了也就睡不着了。

咨询师：睡不着时，会想什么呢？

来访者：主要是想我的父亲，也会想一些其他事。

咨询师：其他的什么事呢？

来访者：我现在大三了，面临推研，但是我现在每天不想出宿舍，也没有力气联系老师，内心很焦虑，有时内心对未来很绝望。尤其是在晚上睡觉前，有时想着想着就睡不着了。

咨询师：看得出来，父亲的事情对你影响很大，有时会出现失眠的情况，也会有焦虑、绝望的情绪。你在内心绝望的时候，会出现不想活的想法吗？

来访者：是的，也就是因为失眠和这种想法，我才来咨询的。

咨询师：你能来咨询，寻求帮助是非常好的。可以具体谈谈这种不想活的想法吗？

来访者：我有时会有"随父亲而去，一起死了"的想法，但只是一下下，我就想到母亲还需要我，我不能也不会真的自杀。

经过了解，C 同学目前存在不想活的想法，一周大约 1—2 次，会否认自杀计划，表示因为母亲不会实施自杀。C 同学最近长时间失眠，心情低落，近期面临推研，还没联系好心仪的导师，也担心导师因为自己的心理情况拒绝自己。咨询后，该生愿意告知母亲自己的情况，并去就医。

（二）阶段二：处理哀伤阶段

第3—6次咨询，咨询师计划继续处理来访者的哀伤反应，寻找资源，并处理其现实生活中的压力事件。

C同学在就医后被诊断为中度抑郁，开始遵医嘱服药。咨询师继续处理C的哀伤反应，C表示自己沉湎于思念父亲时，便会在纸条上写上一句话，折成一个纸星星放到玻璃罐中。接着，咨询回顾了父亲出车祸时来访者经历的事实、情感和行为反应，在这一过程中，C的哀伤痛苦程度逐渐降低，并且能够在痛苦时联系家人。此外，C意识到自己从小到大深受父亲的影响，自己的坚韧努力、重视家庭亲情的品质都来自父亲的教诲。最后，围绕现实生活中的压力事件，咨询师邀请来访者进行角色扮演。咨询之后，C与心仪的老师坦诚沟通，顺利推免博士研究生。老师让自己安心就医和咨询，未来也可以在保证身心健康的基础上，再进行科研工作。由于得到了未来导师的理解和包容，C的焦虑感极大地缓解了。

【丧失取向的对话片段】

来访者：最近我仍会想父亲，父亲只是一个小学老师，但是他的观点非常新，也非常正，给了我很好的指引。现在父亲离去了，我觉得非常不真实，内心有很多遗憾。

咨询师：你非常爱你的父亲，他的离去让你很不舍，又很难接受，好像有未完成的事情，也有没说完的话。

来访者：是的，我有时想着想着就会想很久，当我想到车祸时，又感到悲痛。

咨询师：看得出你很思念父亲，对父亲的意外感到悲痛，你可以跟我详细讲讲车祸当天的事情吗？

　　来访者：我感觉，自己在回避想这件事，但是这件事又会闪回到我脑子里。我当时在学校上课，突然我叔叔给我打电话说"你父亲出车祸了，你快回来吧"。我当时就懵了，之后就坐高铁回家了。回到家时，父亲已经在ICU抢救了。

　　咨询师：确实是非常突然的，你还可以再多说说吗？

　　来访者：我有些记不清了。感觉很难用言语表达出来。

　　咨询师：那你想画出来吗？

　　来访者：行，我试试。

　　之后，C画了两幅画，一幅画是在ICU病房里，父亲躺在病床上，闭着眼睛，病房里有几台机器、一个盆、一张桌子和一把椅子，病房外有很多人，大家神情肃穆。一幅画是在救护车上，母亲握着父亲的手，往医院赶。

　　在回想过程中，C的情绪波动较大，在咨询师的陪伴下，其情绪自然地缓解了下来。

【恢复取向的对话片段】

　　来访者：我上周确诊为抑郁，我告诉老师了，本来我担心导师会对我有看法，不要我了。

　　咨询师：你能告诉导师是很好的。之后呢？

　　来访者：导师特别理解我，跟我说，自己之前读博时也经历过亲人的离世。因此如果我未来压力大，想要转硕，他也支持。

咨询师：你的导师真的很支持你。

来访者：是的，我本来因为推研和读博的事情很焦虑，现在不焦虑了。

咨询师：你也很棒，能够及时寻求老师的帮助。

（三）阶段三：哀伤平复阶段

第7—8次咨询，C同学坚持就医服药，同时开始进入导师实验室，准备本科毕业论文。对于父亲，C同学自述父亲像"天空中最亮的星"指引着自己前行；同时未来自己读博也有经济收入；近期每天和母亲沟通，两人间的情感联结加强了。最后，C同学感觉自己好像长大了，承受压力的能力变强了。

（注：本节中的案例属于虚构的自编案例，仅用作工作展示。）

五、本节小结

总体来说，大学生的经历算是相对纯粹的，可能丧亲是其会面临的最重大的人生事件。在丧失取向上，如果没有其他的创伤，可以较好地干预哀伤反应，如果涉及了创伤和抑郁等议题，建议优先处理；在恢复取向上，可以针对学生的学业、人际、情感、爱好、发展规划等方面进行讨论，促进其适应。如果说生命是一条线，那么严重的丧失割裂了过去和现在，让记忆成了两大块碎片，丧亲者便会在这两者之间来回摆荡。基于双程的哀伤辅导就是要弥合这个裂缝，过去和现在都是需要缝合的。

第四节　人际关系疗法

一、人际关系疗法概述

20 世纪 70 年代，克莱曼及其同事们在研究重度抑郁（major depression disorder，MDD）的急性期治疗时，创立了人际关系疗法（interpersonal psychotherapy, IPT）（Markowitz & Weissman, 2004）。IPT 的基本治疗观点来源于梅耶的心理生物学理论、沙利文的人际关系理论和鲍尔比的依恋理论。这三种理论都强调个体的心理健康与其所处的社会环境、角色认同和人际交往密切相关。他们强调个体的社会功能可以得到提高，个体可以通过维护人际安全、改善人际关系、增加积极的社会和情感体验来提高对环境变化的适应能力。

人际关系疗法认为人的心理发展主要来源于两方面的动力，一方面是自我成就动机，另一方面是人际联结动机。在内在需求方面，个体想要独立自主，变得有能力；同时也想要与人联结，被认可。在成长需求方面，个体想要获得自我实现、自尊并被他人尊重；同时也渴望获得爱与归属。

当个体存在内在的冲突时，个体的外在表现会受到抑制，也想要努力解决，同时从人际联结方面来说，个体会在寻求认可与建立边界间摆荡。IPT 认为个体的主要内在冲突，或者人际历程中的心理困境主要包括人际缺陷（也称为缺乏当前生活事件或人际敏感性）、人际冲突、角色转换以及哀伤和丧失。IPT 咨询师会通过了解来访者过去和现在的人际沟通模式，进行比较和干预。其中，哀伤和丧失主要是指个体失去重要的他人（尤其是依恋对象）或熟悉的环境时所产生的强烈痛苦和悲伤。角色转换（role transitions）出现在来访者无法应付生活改变时，这种改变可能是地理位置或文化环境的变化、生涯改变、一段亲密关系的开始或结束、生病等（Markowitz & Weissman, 2004; 许海燕、黄希庭，2007; Lipsitz & Markowitz, 2013）。

二、人际关系疗法的干预研究

雷诺兹等探索了去甲替林的药物治疗和人际关系疗法对干预丧亲相关的重度抑郁发作的缓解作用。被试是 80 名年龄在 50 岁及以上，在丧偶前 6 个月或丧偶后 12 个月内出现重度抑郁发作的受试者。结果尽管没有发现去甲替林与人际关系疗法的相互作用，但发现去甲替林联合人际关系疗法组的症状缓解率和方案完成率是最高的（Reynolds et al., 1999）。希尔等曾按照人际关系疗法进行心理干预，被试丧亲 6 个月，并且有复杂性哀伤的显著症状。治疗后被试的延长哀伤症状、抑郁症状、工作和社交能力均得到显著改善（Shear et al., 2005）。

综合来说，人际关系疗法对于哀伤干预具有一定的效果，可以缓解抑郁和哀伤症状。由于人际关系疗法早期主要用于治疗抑郁症，因此它更有可能对有抑郁症状的哀伤人群起治疗效果。同时，很多研究更倾向于将人际关系疗法与其他治疗方法结合起来，共同干预丧亲人群的抑郁和哀伤症状，其中人际关系疗法的目的是帮助哀伤人群重新与他人建立关系。例如，希尔等针对 21 名创伤性哀伤人群进行了干预，治疗方案采用对逝者的再想象，想象暴露回避的活动和情境，以及人际关系疗法。结果发现，哀伤、抑郁和焦虑症状都得到了显著的缓解（Shear et al., 2001）。怀曼等针对有抑郁症状、延长哀伤症状、脑损伤和后天残疾的一位65岁女性，采用认知行为疗法和人际关系疗法的联合治疗方案。结果表明，经过20个疗程组成的干预，该女性的抑郁症状和人际关系得到了良好的改善（Wyman-Chick, 2012）。

三、人际关系疗法的干预方案

在面对以下几种情况时，建议优先考虑IPT：关系议题是来访者的核心诉求；来访者的哀伤伴随有抑郁的症状；来访者当前的兴趣和人际关系受损。

这些情况下，IPT可以提供较好的心理教育、感情宣泄、人际干预。当来访者的哀伤涉及创伤议题时，建议采用创伤干预或其他哀伤干预方式。例如希尔及其同事在IPT中添加了基于暴露的PTSD治疗方法，包括结构化想象暴露练习和动机增强，以帮助来访者在没有逝者的情况下重新开始生活（Shear et al., 2005; Shear & Bloom, 2017）。人际关系疗法按照一本出版的手册所描述的方式进行，分为开始、中间和结束阶段（Weissman et al., 2017）。在开始阶段，对症状进行评估和确定，并完成人际关系清单。人际关系疗法主要聚焦于哀伤，有时会关注角色转换或人际纠纷等议题。在中间阶段，人际关系疗法帮助来访者对与死者的关系进行更现实的评估，探讨其积极和消极的方面，并鼓励追求令人满意的关系和活动。在结束阶段，回顾治疗成果，制订未来计划，并讨论结束治疗的感受。

本书结合大学生哀伤咨询的特点和魏斯曼等的治疗方案（Weissman et al., 2017），提出人际关系疗法的整合方案。

（一）开始阶段

咨询师的任务或工作策略是：（1）哀伤和抑郁的评估诊断，了解人际关系的背景；（2）对哀伤和心理疾病进行心理教育，提供不同的治疗选择；（3）评估药物治疗的需要；（4）引出人际关系清单，评估人际支持和问题领域；（5）初始概念化：通过人际关系清单，将哀伤或抑郁症状同人际问题相关联；（6）解释人际关系疗法的概念；（7）设定治疗的框架，包括时间设置。

开始阶段的重点工作之一是编制人际关系清单，重要的是要问：

- 你身边有亲近的人去世了吗？
- 如果是这样，很遗憾听到这个消息。你是如何处理这次丧失的？
- 你有什么感受？
- 你参加葬礼了吗？是什么样子的？
- 当你得知他/她的死讯时你在哪里？（有没有觉得自己做错了什么？）
- 你觉得你充分地表达哀悼了吗？

来访者可能很难回答这些问题，或者很难回忆起细节。在哀伤咨询时，鼓励来访者回顾相册和纪念物、参观能唤起记忆的熟悉的地方、去祭拜的场所（在适当的情况下）或打电话给朋友、家人并与他们谈论死者，目的是引出能够唤起情感的记忆片段，让来访者有机会反思这些情感及其含义，并认识到它们（无论多么强烈）是可以忍受的。

开始阶段的另一个重点工作是将病理性哀伤与人际关系问题领域联系起来，可以像下文这样表述：

你遭受了母亲的去世，我们知道这是最痛苦的丧失。可以理解的是，你目前遇到了一些困难，并且已经出现了我们所说的病理性哀伤的症状，比如沉湎于悲伤内疚、无法学习和社交。这是一个需要专业干预的问题，这不是你的错。我建议我们在接下来的8周里讨论你的母亲，以及她的去世对你意味着什么；我们还会讨论你的哀伤反应，以及如何继续生活下去。在某种程度上，这意味着你要面对很多强烈的感受，但当你开始处理它们时，它们应该会慢慢变得可承受。

（二）中间阶段

中间阶段的主要任务如下：（1）回顾抑郁或哀伤的症状，将症状的出现与逝者联系起来；（2）描述在死亡事件之前、期间和之后发生的事件的顺序和后果；（3）探索相关的感觉（消极的和积极的），当情绪出现时，培养在咨询室里的耐受性；（4）重建来访者与逝者的关系；（5）重建兴趣和关系。

情感宣泄和耐受

许多来访者担心，如果他们开始哭泣或哀悼，他们将无法停止，陷入失控的状态。很多来访者在生活中无处宣泄，压抑自己的情感，因此一旦涉及逝者，便会开始哭泣。这时候，许多咨询师会感到焦虑，并且很想打断来访者。但请不要这样做！咨询师需要帮助来访者了解哀伤情绪虽然强大，但并不危险。当感情被表达出来时，它们的力量就会减弱；然后，来访者可能会感到更平静、更能承受哀伤。这里使用的主要技巧是鼓励和澄清。在咨询室之外，可以鼓励来访者做哀伤的情绪监测，然后回到咨询室中讨论那些感情强烈的时刻。

探索积极和消极的感觉

当在咨询室里，第一次回顾与逝者的关系时，来访者通常会回忆起他们在一起的愉快时光。因此，咨询师可以先询问这段关系的积极方面。比如：你想念他/她的什么？他/她有哪些优秀品质？

一旦来访者开始回忆，如果情绪变得强烈，请避免改变话题。让来访者表达自己的感受，以及背后的记忆和想法。在探索了积极方面后，咨询师可以鼓励来访者表达与死亡和逝者有关的消极的感受。因为这是正常的：我们对关心的人总有一系列复杂的感受。如果来访者拒绝，咨询师可以告诉来访者：重要的不是积极和消极的情绪，重要的是它们可以被表达，并且保持一定的平衡，通常积极的感受多一些有利于哀伤平复。

重建与逝者的关系

关于关系，咨询的目标是从狭隘、理想化和抽象的二维视角，扩展为更细致、平衡的视角，以便来访者能够完全地将丧失整合到记忆中。

具体来说，来访者会因为逝者的某些特征及与其的关系感到悲伤、愤怒、失望、内疚等。比如有些来访者因为对逝者做了或没做某件事而感到内疚，就会沉湎于这种情绪之中。许多有病理性哀伤的来访者难以承受这些感情，便会试图回避它们，这不利于重建与逝者的关系。

咨询师可以这样跟来访者说：

当你谈论失去的亲人时感到悲伤、不安乃至困惑是正常的，随着你的倾诉和回忆，你会逐渐感觉好一些。我希望听你说说和"这个人"有关的生活，比如相关的积极的或消极的事情，自失去亲人以来你的生活发生了哪些变化，以及经历了哪些坎坷。

在咨询室之外，如果你在体验哀伤时遇到困难，与朋友或家人讨论回忆可能会有所帮助。如果你想回顾一下相册或重访对你们的关系有意义的地方，都是很好的。

渐渐地，在你回顾了"这个人"方方面面的事情之后，你将能够整理这些记忆，并为你与"这个人"的关系建立一个三维的图景，其中包括"这个人"的优点和缺点、相关的积极和消极的记忆、悲伤或欣慰的情感等。当这个三维的图景慢慢变得可承受了，你也就慢慢适应了哀伤。

沟通分析

沟通分析是 IPT 的一项核心技术，用于检查和识别沟通中的问题。它有助于了解来访者如何进行人际互动，并在适当时考虑更具适应性的替代方案。咨询师要详细了解来访者与重要他人进行的一次重要对话或争论，进一步确定：（1）来访者的感受状态和行为模式；（2）交流的意义；（3）两人的沟通方式。在这个过程中，咨询师可以在关键时刻停下来了解来访者的感受和意图：

你们之间发生了什么？他说了什么？你感觉如何？那你说什么？

倾听来访者的感受和表达之间的不一致，这种差异可能反映了人际困扰的问题所在。例如，丧亲者心情低落时，希望得到他人的安慰，但时间长了担心别人觉得自己有问题，便说只是身体不舒服，或者一个人独自悲伤。沟通分析可以帮助来访者发现沟通中的这些困难，提出替代方案（"你还有什么其他选择？"），进行角色扮演，最终改善自我感受和人际关系。对于哀伤人群，人际交往的改善可以增强其对个人和环境的控制感，并缓解症状

（Lipsitz & Markowitz, 2013）。

重建兴趣和关系

死亡通常会在来访者的生活中留下一个裂缝，来访者可能觉得没有能力填补这段重要关系。当来访者开始处理丧失和哀伤时，咨询师便需要陪伴来访者寻找新的活动和关系来弥补丧失，并为生活找到前进的方向。咨询中，需要关注来访者"是否允许自己好起来"。有些来访者认为保持哀悼、内疚和痛苦是对逝者的纪念，以此来使"逝者不被忘记"。

咨询师可以说：自我关怀和社会支持很重要，有助于哀伤平复；与独自承受的感受相比，感受到联系通常是件好事。当来访者的哀伤反应稳定一些时，可以鼓励来访者尝试一些感兴趣的活动，如同朋友吃饭或游玩。在之后的咨询中，可以同来访者谈论这些经历。可以询问来访者以下问题：你做了什么？你喜欢哪些部分？哪些部分是困难的？你会再做吗？你还喜欢做什么？如果活动的某些部分、某些互动很困难，你将来会如何处理？

哀伤反应未解决的来访者可能会回避新关系，或者担心在新关系中再次经历丧失。任何潜在的关系都值得讨论，包括对它们的恐惧。在这个过程中，咨询师可以使用决策分析（"这段时间，同什么人交往，做什么可以让你感觉更好？"）和角色扮演（"你会如何寻求父亲的帮助？你会说什么？"）技术。

（三）结束阶段

在哀伤咨询中，咨询师不可避免会成为来访者过渡性的依恋对象。同时咨询师会向来访者表达一些具有冲击性的见解，同来访者进行角色扮演，因此在结束咨询时，IPT 咨询师需要同来访者明确地讨论结束，承认结束会带来一定的悲伤时间。同时，让来访者认识到自己的能力，回顾自己的人际关系清单。还要同其讨论结束咨询后，来访者可能有的替代求助方案。

四、案例演示

某博二女生 D 的外婆于 3 个月前因肺炎去世。D 读初中之前父母在外打工，D 主要由外公外婆抚养。初中之后，母亲回到家乡照顾自己读书。D 认为"外婆是由于妈妈没照顾好才去世的，外婆很可怜"，自己因为上学也没能回家照顾外婆。D 目前同父母的关系很僵，约一个月联系一次。近一个月，D 称心情时好时坏，情绪低落时能自行缓解，偶尔哭泣，觉得胸口憋闷，做事没动力，有很强的无力感，否认存在自杀想法。

针对 D 同学，评估其存在哀伤和抑郁情绪，同父母存在人际冲突。经过沟通后，D 同意开展基于人际关系疗法的 8 次咨询方案。

（一）阶段一：开始阶段

第 1—2 次咨询，咨询师评估 D 同学当前的心理状态，对外婆去世的事情进行了初次回顾。对 D 的哀伤和抑郁情绪同其人际关系困扰进行了联结和概念化。

D 同学当前的心理困扰来自外婆和母亲，在外婆去世前，外婆和母亲是自己最亲密的人。D 同学从小由外婆抚养，平时也会经常跟外婆打视频电话。母亲一直是照顾、鼓励自己的，自己在高中、大学遇到学业困难时，都是在母亲的支持下熬过来的。

外婆有两个女儿，D 的大姨在外地工作生活。去年冬天外婆生病时，正值新冠疫情广泛传播，母亲说自己身体也不好，发烧疲乏。但是外公不会做饭，外婆就常常吃不好，并且身边也缺少子女陪伴。最终外婆生病一段时间后就去世了。外婆之前患有糖尿病，平时身体一般。

外婆去世后，D 责备母亲，便不想和母亲联系，母亲偶尔发消息鼓励 D 努力学习，尽早完成博士学业。近期因为学业压力大，没有进展，导师对 D 表达了不满。以前 D 会跟几个同门一起吃饭、运动、游玩，但现在 D 也不想同他人有太多交往，同父母关系紧张，每天心情较为低落，偶尔哭泣，做事也缺乏动力。

【对话片段】

来访者：上周例会，我又被导师批评了。我心里很烦，就一个人出去轧马路，然后发了一个朋友圈。我妈看到了，问我咋了，不好好学习，是心情不好吗？

咨询师：那你看到妈妈的消息，是什么心情？

来访者：我感到很烦，甚至有点愤怒。我想你平时也不关心我，总是在我不学习的时候来管我。

咨询师：能体会到你确实很烦，你的学业有压力，导师不支持指导你，还批评你。你的心情不好，你妈妈不关心你，反而关心你的学习。

来访者：是这样的，我现在和我妈的关系淡了，甚至是僵住了（叹气）。

咨询师：我观察到你之前还很愤怒，刚刚叹气，又显得无奈。

来访者：唉！为什么会这样呢？上学期都挺好的，就是因为外婆去世时，我认为我妈没照顾好她，便跟她吵了一架。之后就这样了……关键是，我以前有啥事都会跟我妈说，现在觉得挺孤独的。

从上面的对话可以看出，D同学的哀伤和抑郁情绪来源于外婆的去世和与母亲的人际冲突。第1次咨询后，评估D存在抑郁情绪，D同意去校医院精神科就医。

（二）阶段二：中间阶段

第3—6次咨询，咨询师计划同D回顾外婆去世前后的事情，讨论其与外婆和母亲的关系，鼓励情绪宣泄和耐受，恢复兴趣和人际交往，处理学业压力和师生关系。

D同学在就医后诊断为中度抑郁，开始遵医嘱服药。咨询师同D同学回顾外婆去世的事情，D的核心情绪是内疚和责备。内疚的是没能回家看望和照顾外婆，责备的是母亲没能去照顾外婆。受疫情的影响，外婆的离世存在不可控性，而D强调控制：一方面苛求自己，另一方面苛求母亲。

经过人际沟通模式的分析，D同学意识到自己的模式是回避型，对自己的认知是"自己必须要完美"，对他人的认知是"你必须要完美"，当认知和事实不一致，就会对自己和他人产生负面的态度，因此便会回避人际交往，同时也会回避解决人际冲突。母亲是D重要的人际支持，对母亲既想亲近又想回避的冲突感，影响了自己的学业、人际关系等外在表现。同时，哀伤的回避应对风格也容易引发抑郁的症状反应，比如心情压抑、兴趣低落、行为退缩、失眠、食欲降低。

在第4—5次咨询中，咨询师同D对人际关系和哀伤症状进行了概念化分析，并对其与母亲的沟通进行了沟通分析和角色扮演，D决定尝试和母亲好好沟通一下。第6次咨询时，D反馈通过本周和母亲的沟通，自己发生了巨大的变化，感受到了父母的关心。D最近的科研进展也较为顺利。

（三）阶段三：结束阶段

第7—8次咨询，D坚持就医服药。对于外婆，经过几次哭诉后，来访者自诉基本能放下了，想起外婆时会想到很多开心的事情，也希望自己能学习外婆的优秀品质，比如对人温和善良。对于咨询的结束，D同学有一些担忧，认为和父母的关系虽然有所好转，但感觉和以前不一样了，自己不是那个受母亲无条件呵护的孩子了，需要跟母亲建立新的沟通模式。咨询师对D在情绪调节和社交生活方面的进步予以了肯定，并推荐了心理热线。D最后感谢了咨询师的专业帮助，表示自己对他人的理解更丰富，更能承受压力了，也能感受到很多亲人和朋友的帮助。

（注：本节中的案例属于虚构的自编案例，仅用作工作展示。）

五、本节小结

哀伤是人生重要的人际议题，而哀伤不仅影响同逝者的关系，也会影响同生者的关系。良好的人际支持又是哀伤适应的重要因素。对于大学生来说，人际关系疗法可以细致地帮助其处理不同类型的人际困扰，在适应中获得成长。因此，丧失既是对人际关系的挑战，也是成长的契机。同时，人际关系疗法也会系统地关注情感宣泄、重建与逝者的关系、恢复兴趣和社交等方面，因此其对于存在抑郁症状或人际困扰的哀伤议题具有重要的应用价值。

第五节　认知行为疗法

一、认知行为疗法概述

美国心理学家艾利斯于 20 世纪 50 年代中期提出了合理情绪行为疗法（rational-emotive behavior, REBT）。随后美国心理学家贝克进一步完善了认知行为理论，并将其应用于抑郁症治疗。认知行为疗法假设情绪、行为和认知三要素相互影响，不合理的认知会导致情绪困扰和行为问题，因此可以改变或重塑，以缓解情绪压力。认知行为疗法的首要目标是引入和利用各种以认知、行为和情绪为中心的干预技术，以改变适应不良的认知（Hofmann et al., 2012）。

艾利斯提出的认知理论模型（ABC 模型，不良事件—信念—后果）可以帮助我们进一步理解哀伤和丧失，以色列特拉维夫大学马尔金森教授在哀伤干预中采用了合理情绪行为疗法（Malkinson，1996）。根据 ABC 模型，死亡被视为一种不幸的创伤性事件，影响人们对丧亲事件的理解，进而导致相应的情绪和行为后果。同时，该模型也强调了认知过程对于丧亲事件和情绪及行为后果方面的关键影响，并区分了两种认知类型，理性认知产生合理的哀伤反应，非理性认知则产生不合理的哀伤反应。研究发现，人类天生就有非理性思维的生物学倾向，在丧亲事件发生后甚至会达到顶峰，大多数丧亲者难以接受死亡事实，认为丧失不应该发生在自己身上，感到愤怒、抑郁、内疚等，出现失功能的哀伤反应。理性认知是一种现实性评估，虽然丧亲事件仍会导致负面情绪和行为后果，但程度相对没那么大，例如"虽然感到悲伤和痛苦，但我的生活不会永远都是这样"。马尔金森总结了合理哀伤认知和不合理哀伤认知的特征（Malkinson, 2010），如表4-6所示。

表4-6　合理哀伤认知和不合理哀伤认知的特征

合理哀伤认知	不合理哀伤认知
适应性评估：生活总是充满了改变	极端评估：生活没有他 / 她就没有意义
与事实保持一致：没有他 / 她很困难	与事实不一致：这太痛苦了，我不愿去想，难以忍受
接受丧失：无论什么时候想到他 / 她都会感到悲伤，我想念他 / 她	无法接受丧失：想到他 / 她很痛苦，我回避去想
持续寻找生活的意义：我寻找记住他 / 她的方式	生命已被冻住并失去了意义：生活毫无意义

荷兰心理学家博伦提出了认知行为概念化模型，进一步完善了哀伤疗愈的认知行为疗法。该模型解释了延长哀伤症状的发展与维持：（1）不能充分整合丧失经历与自传体记忆库；（2）负面信念与对哀伤反应的歪曲理解（对世界、自我、未来和哀伤反应的负面评价）；（3）抑郁和焦虑的回避策略（Boelen et al., 2007）。

二、认知行为疗法的干预研究

基于有效治疗抑郁症、焦虑症、创伤后应激障碍和延长哀伤障碍等其他心理障碍的研究证据，认知行为疗法通常被认为是首选的干预手段，且被广泛应用（Malkinson, 2010）。20世纪70年代开始，认知行为疗法逐渐进入哀伤干预领域，例如有研究支持了行为脱敏技术的疗效，并促进丧亲者重建与逝者的关系

（Gauthier & Marshall, 1977）。

虽然认知行为疗法干预延长哀伤是一个相对较新的领域，但许多研究表明该疗法能显著改善延长哀伤症状。博伦等进行了一项研究，比较了认知行为疗法和支持性治疗对延长哀伤障碍患者的干预。丧亲者被分为三组（认知重构、暴露和社会支持），每个组接受 12 次治疗。结果显示，与接受支持性治疗相比，认知行为疗法在减轻延长哀伤障碍患者的哀伤症状方面更有效，并且发现暴露技术比认知重构更有效，可能是因为暴露技术包含了情感和行为元素（Boelen et al., 2007）。希尔等的研究则比较了基于认知行为疗法的延长哀伤疗法和人际关系疗法在哀伤干预中的应用，发现认知行为疗法效果更好（Shear et al., 2005）。

认知行为疗法侧重于认知变化，帮助丧亲者评估丧亲的情绪和行为后果，从而实现哀伤适应。博伦等研究了丧亲和非理性认知的关系，通过对 30 名因失去父母或兄弟姐妹等重要他人而陷入哀伤的学生和非丧亲群体的调查发现，丧亲群体对自我、他人和世界的积极信念更少，非理性思维水平更高（Boelen et al., 2004）。另外，根据博伦的认知行为概念化模型，延长哀伤障碍被认为是通过自传体记忆编码、不适应的评估模式和无效的应对方式三者之间动态的相互作用来维持的。针对这些机制的以哀伤为中心的认知行为疗法对哀伤干预具有一定的效果，可以改善延长哀伤症状。

三、认知行为治疗的干预方案

结合大学生哀伤咨询的特点和博伦等的治疗方案，我们提出认知行为疗法的哀伤干预方案，通常为 12 次会谈，包括 4 种核心干预技术：心理教育、暴露、认知重建、行为激活（Boelen et al., 2017）。

（一）开始阶段：心理教育（第 1 次咨询）

丧亲者接受关于丧失以及延长哀伤的心理教育。第 1 次咨询通常是心理评估和初步建立关系，在了解来访者的丧亲事件和哀伤反应的基础上，咨询师聚焦于延长哀伤的症状，讨论急性哀伤和哀伤适应之间的差异，并解释应对丧亲之痛的认知行为概念化模型，从而帮助丧亲者进一步理解丧失，促进哀伤体验的正常化过程。另外，在这一阶段中，咨询师需要收集哀伤应对相关的回避行为，为暴露治疗阶段做准备，可能的家庭作业在于识别不同类型的回避行为。

（二）暴露阶段（第 2—5 次咨询）

将暴露疗法纳入治疗过程是为了减少回避行为，有助于丧亲者面对丧失和缓解丧亲之痛。许多来访者担心，暴露可能会让自己陷入未知的恐惧，因而排斥进入暴露过程，咨询师需要有针对性地开展关于暴露疗法的心理教育，并鼓励来访者勇敢面对回避的刺激线索。针对不同类型的回避行为存在不同形式的暴露技术，咨询师需要识别丧亲者的核心回避行为，灵活使用暴露技术。

康纳鲁普等进行了具体阐述（Konnerup et al., 2023）。

（1）通常的暴露技术。来访者难以接受丧亲事实，通过回避与丧失有关的感受和想法来拒绝承认丧失的不可逆性。在咨询中多次直接使用名字称呼逝者被认为是一种有效的暴露手段，例如重复"……现在已经去世了"之类的话。写信的方式也经常被使用，如写下没有逝者的生活是什么样的，或者写下没有被表达的感受等。咨询师也可以针对不同的刺激线索采取合适的暴露技术，比如照片、音乐等。

（2）想象暴露。当丧亲者回避与丧失相关的痛苦回忆时，想象暴露会放大来访者的哀伤体验。在想象暴露过程中，来访者闭上眼睛重温死亡事件，使用现在时和第一人称的表达方式来详细描述丧失经历，包括他/她看到的、听到的、闻到的、想到的以及感受到的，就好像此时此刻正在经历。

（3）系统脱敏。不少丧亲者回避特定刺激（如情境、物体和人），因为这些刺激会反复提醒自己逝者已离去，导致丧亲者沉湎于哀伤，难以适应没有逝者的生活。系统脱敏可能是针对这种回避行为的有效干预手段，可以通过建立暴露等级，循序渐进地开展治疗，例如可以从特定刺激的想象开始，然后在感到安全、被支持和温暖的咨询空间里进行暴露，一步步鼓励丧亲者逐渐接近感到痛苦、恐惧的刺激。

（4）减少强迫性接近行为。沉湎于哀伤的丧亲者极度渴望与思念逝者，出现强迫性接近行为，例如像丈夫还活着一样每天为他做饭，寻求与逝者的联结。咨询师采用温和的方式，邀请来访者一起讨论这些行为的好处与弊端。如果来访者没有减少此类行为的动机，咨询师可能会使用苏格拉底式提问，比如："你认为你已故的丈夫希望你如何生活？"

（三）认知重建阶段（第6—9次咨询）

认知重建侧重于识别、评估和替代维持延长哀伤症状的负面认知。丧亲过程中可能出现的负面认知包括对自己（比如对重新投入新生活或悲伤程度下降感到内疚）、对他人（比如责怪逝者）、对世界（比如认为没有逝者的生活是没有意义的）。咨询师可以借助哀伤认知问卷、认知日志、四栏表等工具识别丧亲者的负面认知，并通过苏格拉底式提问或行为实验促使来访者发展出替代性认知。

（四）行为激活阶段（第10—11次咨询）

行为激活旨在增加丧亲者（重新）参与愉快和有意义活动的频率，促进哀伤适应。汤普森等（2018）的研究支持了这一结果，参与活动（如休闲活动或与朋友共度时光）的丧亲者哀伤程度较轻。咨询师首先向来访者解释行为激活的基本原理以及行为和情绪之间的联系，行为激活的重点是确定有价值的活动和制订实现有价值目标的计划，通过确定目标的优先级，循序渐进地开展具体行为来实现目标。咨询师应注意探索与重要他人无关的活动，以加强丧亲者的自我认同感。

（五）结束阶段（第12次咨询）

对咨询过程进行回顾总结，讨论结束咨询的问题，以及如何应对未来的困难。咨询师与来访者告别，结束咨询。

尽管该疗法的实施方式各不相同，比如治疗次数和治疗形式（团体或个人）。但是以哀伤为中心的认知行为疗法的基本框架为：（1）以过去为导向的策略，整合痛苦记忆和对丧失的（不适应的）评估；（2）以未来为导向的策略，帮助丧亲者在生活中发展新的／替代的意义和目标来源，找到与丧亲提醒相关的生活方式，并培养对逝者的积极记忆。此外，在整个治疗过程中，分别用于过去和未来策略的会话时间通常从治疗前半段对过去的主要关注转变为治疗后半段对未来的主要关注。

四、案例演示

六个月前，某大四学生E的男友不幸猝死。E和男友感情很好，两人是高中同学，在高考结束后确定恋爱关系，偶尔会吵架，但会很快和好，两人曾讨论过毕业后结婚的想法，以为会是彼此共度一生的爱人。对于没有参加男友的葬礼，E感到十分内疚，认为自己是懦弱的人。E至今都难以相信男友已经离开了，痛苦悲伤，把自己封闭了起来，拒绝亲友的关心，每天过得浑浑噩噩，认为"没有男朋友的生活是没有意义的"，半夜总是哭醒。

针对该生，评估其存在延长哀伤症状和回避行为，对自己、他人和世界存在消极认知。大学的心理咨询一般8次一个周期，经过沟通后，与其开展基于认知行为概念化模型的8次咨询方案。

（一）开始阶段：心理教育

第1次咨询，咨询师评估来访者的心理状态，了解丧亲事件、哀伤反应和哀伤应对相关的回避行为等，丧亲者接受关于丧失以及延长哀伤的心理教育。咨询师使用认知行为模型对哀伤症状进行概念化。

丧失经历与自传信息库整合不充分：E对男友的离世感到震惊和无措，难以接受男友的死亡事实，在独处时较为频繁地出现闯入性回忆和关注死亡事件。有时，E会因为一些与男友相关的事物的刺激，陷入哀伤的回忆当中，控制不住地哭泣。

负面信念和对哀伤反应的错误解释：经历死亡事件后，E对自我产生了强烈的"无能感"信念，并将其扩大到了生活和学习层面，在学习遇到瓶颈时，来访者陷入无能感，觉得自己不行。E对男友的离世感到愤怒，引发了不公平信念，"为什么这样的事

141

情会发生在我的男友身上？""为什么我要经历这些？"而且，E
对未来感到悲观，失去了生活的目标和方向。

无效的哀伤应对策略：E 倾向于抑郁的回避策略。在认知上，
E 表现为以负面期待去看事件的影响和自身的处理能力，比如，
E 认为没有男友的生活是空虚的、没有意义的，失去了生活的勇
气，感觉自己没有能力创造美好的生活。在行为上，E 表现为退
缩和限制活动，具体表现为对建立新的人际关系失去兴趣、提不
起劲来做其他感兴趣的事。

（二）暴露阶段

第 2—4 次咨询，来访者压抑了对男友离世的愤怒，"为什么
把我丢下，为什么抛弃我？""为什么让我独自承受痛苦？"在
丧亲的背景下，来访者认为愤怒是不合群、不应当的情绪，担心
被污名化，不敢去表达愤怒。研究发现，合理的自我暴露（比如
谈论与逝者的关系）可以帮助产生有意义的叙事，为丧亲者提供
支持。而被压抑的愤怒可能会阻碍哀伤适应。为了帮助 E 梳理自
己的想法和感受，咨询师鼓励 E 持续给男友写信。信件通常以问
候语开头，比如"亲爱的 ××"，最后以问候语结尾，比如"我
想你，爱你，××"。具体措辞由来访者决定。

【E 写给男友的信，主题：被压抑的愤怒情绪】

亲爱的 ××，好久没有给你写信了，你在那边过得
怎么样？我很想你，虽然我想告诉你，我很好，你放心。
但我不想隐瞒了，我过得一点都不好，很糟糕。你看看
我现在的生活，一塌糊涂，都是你造成的！你为什么要
抛下我？你不爱我了吗？你怎么这么残忍地让我独自面

对巨大的痛苦？如果你好好照顾自己的身体，那一切是不是就不会发生了……我没有参加你的葬礼，他们都来指责我。凭什么我要参加？骗子！你没死对不对？如果我闭上眼睛，你是否会出现在我眼前，然后告诉我这一切都是假的？我现在很痛苦，没有你在我身边，我真的好孤单，没有动力做任何事。

我想你，爱你，E。

写信的方式有助于丧亲者表达被隐藏的痛苦，并帮助来访者与愤怒保持距离。在继续写作的过程中，E意识到自己的愤怒是允许被表达的，写信的方式在某种形式上给来访者提供了倾听和支持，这进一步减轻了E的自责情绪，也减少了其对男友的责怪。

（三）认知重建阶段

第5—6次咨询，来访者受到负面认知的困扰。（1）对自己："为什么这样的事会发生在我身上？"认为自己太脆弱了，无法承受这种痛苦，来访者陷入无能感。（2）对他人："他怎么能抛弃我？"（3）对世界："没有他，我的生活没有任何意义。"

可以通过苏格拉底式提问促使来访者逐渐发展出替代性认知。

【对话】

来访者：我一直在想为什么，为什么这样的事会发生在我身上。

咨询师：你想知道答案，好像这个问题对你很重要。

来访者：是的，我需要一个答案。

咨询师：为什么这么重要？

来访者：我知道了答案，也许我就不会这么痛苦了。

咨询师：让我们假设存在一个答案，如果要找到这个答案，可以想到哪些方面？

来访者：我不知道，我想不出来。

咨询师：或许在某种程度上，这是一个答案，当"为什么这样的事会发生在我身上？"这个问题再次出现的时候，你可以告诉自己"对于这个问题我没有答案"。

（来访者沉默了一段时间。）

咨询师：你刚刚沉默的时候在想什么？

来访者：我在心里自问自答。

咨询师：你可以大声说出来。

来访者：为什么，为什么对于这个问题我没有答案？

咨询师：现在你感觉怎么样？

来访者：我好像松了一口气，好像我也可以不必非得找到一个答案，感觉好受了一些。

（四）行为激活阶段

第 7 次咨询，来访者想要重新适应新生活并不容易，虽然来访者在逐渐接受丧亲的事实，调整负面认知，但有时还是觉得空落落的，不知道该做什么，对未来感到迷茫。因此，为了帮助来访者重获控制感和自我认同感，咨询师聚焦于未来，与来访者一起讨论制定未来的目标，以及实现目标的具体步骤。万事开头难，可以鼓励来访者先从熟悉的方面开始，比如恢复与老朋友的社交，一起度过愉快的时光。

（五）结束阶段

第 8 次咨询，结束阶段的工作进展顺利，通过对咨询过程的梳理和总结，来访者觉察到了自己的变化，逐渐重新掌控了自己的生活，感受到自己的哀痛在慢慢疗愈，努力以更积极的心态应对未来。

（注：本节中的案例属于虚构的自编案例，仅用作工作展示。）

五、本节小结

在丧失和哀伤的阴影下，大学生往往会产生消极的自我评价，以及对他人和世界的负面认知。认知行为疗法的哀伤干预方案专注于处理哀伤带来的负面认知、情绪和行为反应，帮助大学生识别和重构认知，理解哀伤过程，缓解情绪痛苦，重新投入到生活中。值得重视的是咨询师的共情在哀伤疗愈过程中的力量，在这种温暖的抱持中，丧亲者内心的痛苦和脆弱得以被触碰和理解，漫漫哀伤疗愈之路，共情相伴不再孤单。

第六节　其他常用的干预技术

一、绘画

（一）适用人群

绘画对于那些很难用语言表达感觉的人群非常有帮助。首先，绘画特别适用于经历了创伤性死亡事件的丧亲者，例如亲人死于自杀、他杀、交通意外事故等。此外，绘画对于不擅长口语表达的儿童也尤为适用。但是，绘画技术对于正处于亲人离世后几周内的丧亲者并不适用（罗伯特·内米耶尔，2016）。

（二）描述

一般的会谈式治疗或写作治疗常常是通过语言基于个体的意识层面进行工作。语言需要经过个人意识的处理和表达，而绘画作为一种艺术性创作的表达方式，可以帮助来访者绕开意识层面，对潜意识进行探索和表达。在绘画治疗中，首先，来访者会通过绘画创作绕开意识层面进行充分的自我表达；其次，在完成绘画创作后，来访者可以在事后对绘画作品的说明、分享及讨论之中，再次进行自我觉察和发现。因此，使用绘画技术，可以帮助来访者进行更深层、更充分、更整合的自我探索、自我表达及发现。

对经历了创伤性死亡事件的丧亲者而言，创伤性事件常常会把人带入一种极度震惊的状态，有的人甚至会反复体会到一种创伤性的体验。在创伤事件及相关线索的刺激下，与创伤事件有关的感觉及体验可能会被反复激活，将人瞬间带入一种极度强烈的、没顶的负面情绪之中，例如强烈的恐惧、不安、愤怒、不甘，或某种完全淹没性的失控感和脆弱感。经历自杀性丧失的哀伤者可能还伴随着强烈的内疚、羞愧、羞耻、拒绝和被抛弃感。语言是逻辑的、条理的，而创伤性痛苦是复杂的、破碎的、混乱的、随机的。对于经历创伤性丧失的哀伤者而言，绘画为他们提供了一个安全的、不带批判和防御的疗愈性工具，帮助他们整合体验、表达自我、认知自我并疗愈自我。

在哀伤治疗中，绘画技术的用途非常广泛。可以用于整合死亡事件中的创伤性痛苦，也可以用于处理死亡事件中的困难情景和困难情绪，还可以根据来访者的需要，针对不同的主题进行灵活的运用，例如最难忘的一幕、最困难的一天等。

绘画技术的运用，一般分为三个步骤：准备、创作、见证或分享。准备是治疗的基础。在准备的阶段，治疗通常会以冥想开始，咨询师引导来访者通过专注于呼吸和进行放松觉察自己的身体，扎根于身体，专注于当下，进入自己的想法、感受，并与自我结盟。在创作阶段，我们完全臣服于自我的感受，我们完全自发地、自然地、开放地，不带任何批判和预设地去进行创作。这样的过程，本身就是一种疗愈。完成创作后，治疗进入见证或分享的阶段。首先，指导来访者让自己的思维安静下来，打开心智，并且进行一些最后的练习，包括写上作品的标题、日期，写下创作的过程和感受。其次，咨询师邀请来访者分享创作的过程、感受，并进行讨论。最后，引导来访者总结新的体验及领悟。

（三）案例

来访者 F 为大一学生，男，18 岁，因进入大学后的适应性问题及 5 年前母亲因车祸意外离世的延长哀伤问题前来咨询。咨询过程中咨询师了解到，在 F 母亲经历车祸并紧急送院后，F 在医院目睹了母亲从抢救到伤重不治的死亡过程。咨询过程中，F 对母亲的死亡事件表现出了明显的回避，回避谈论。同时，在自己的哀伤情绪及情感上，F 也表现出了明显的情绪压抑及情感隔离。在第 4 次咨询以后，咨询陷入了僵局。经分析，F 为典型的青少年丧亲的哀伤者，死亡事件中，有大量的创伤性感受及体验未被整合处理。在创伤性感受的处理上，如继续以会谈性咨询的方式可能无法给予 F 更多的帮助。咨询师就此情况与来访者进行了真诚、透明的沟通，并提出了绘画治疗的建议。对此，来访者表示愿意尝试。

在第 5 次咨询中，咨询师邀请来访者 F 对母亲离世事件中的困难情境进行了绘画创作。F 完成了创作，并将之命名为"至暗时刻"。随后，咨询师邀请来访者 F 分享了他的创作过程及感受。结束咨询前，F 反馈，绘画治疗为他提供了一种感到安全而不用担心情绪崩溃的表达方式。当画笔一次次地画过纸面，那些他无法言语、又不知道如何命名的内心感受和情绪仿佛也渐渐找到了出口。而分享及讨论的环节又再次帮助他觉察和澄清了内在的感受和想法，就好像一团乱麻，慢慢地找到了线头，并且一点一点地得到了梳理。F 表示，完成咨询后，自己感到轻松了。

在第 6 次咨询中，咨询师再次邀请来访者就死亡事件的同一情境及当下的感受进行了绘画创作。来访者再次进行了绘画创作，并将之命名为"光"。对比第一次的创作，第二幅画作中，图画的构图变得开阔、舒朗、线条流畅且色彩明快。F 也表示，自己的内心似乎也感受到了"光"开始投进来的感觉。经过两次绘画治疗，来访者 F 的创伤性痛苦得到了初步的整合体验及表达。后续的咨询得以进一步深入和推进。

二、空椅子

（一）适用人群

空椅子技术（empty chair technique）适用于那些与死者存在"未竟事宜"（或称"未完成情结"）的成人或青少年丧亲者。但是，本技术不适用于有强烈的创伤性痛苦的来访者、对想象性对话存在怀疑的来访者。同时，该技术不适合在咨询初期使用，需要以较好的咨询同盟为基础（罗伯特·内米耶尔，2016）。

（二）描述

空椅子技术由格式塔疗法创始人弗里茨·皮尔斯（Fritz Perls）创立，是格式塔疗法中的一个主要技术，在心理治疗及心理咨询领域被广泛应用。该技术常用于帮助来访者处理其内心的冲突和情感问题，包括情感压抑、内心矛盾及人际关系问题等。其理论基础主要源于人本主义心理学及精神分析流派理论，同时还受到现象学、行为主义和认知心理学等理论的影响。

研究证实，空椅对话比共情（Greenberg & Foerster, 1996）及心理教育（Paivio & Greenberg, 1995）在解决未完成情结上有更好的干预效果。Greenberg 和 Malcolm 的研究证明，在未完成的情结得到解决后，来访者的症状也会得到改善，例如抑郁症状、人际问题、自我成长、改变抱怨的对象等，此外，他们还能体验到人际需要的转化，以及对他人观念的转变（Greenberg et al., 2002）。未完成情结的解决，也会促进来访者自我表征的改变，例如自主性增加、自我肯定性提升，对自我与他人关系的积极反应增加。

在哀伤治疗领域，空椅子技术主要用于开启丧亲者与逝者之间的直接对话，利用一种想象式的象征性对话，处理丧亲者与逝者之间的未竟事宜，重建丧亲者与逝者之间的持续性联结。例如，让当事人向逝者表达愧疚、愤怒、感谢、喜爱、思念等，也可以与逝者分享自己及家人现在的生活、计划、成就等。一般情况下，当咨询过程中来访者表示出有话想要向逝者表达时，便可以通过空椅子技术协助来访者进行表达。例如，当来访者说："我一直很想告诉爸爸，我……但是，我现在再也没有机会了。"或是来访者说："自从他去世以后，我一直好想他，我很想告诉他……"

空椅子技术是用一张空椅子代表逝者，作为已故亲人的象征，为来访者提供一个与已故亲人直接对话的机会。有时，也可以准备两张空椅子，一张代表已故亲人（直接对话），另一张代表来访者自我的一部分或自己的另一个声音（协助观察或给予评论）。来访者可以在原来所坐的椅子及空椅子之间轮流就座，以便区分不同的身份角色及对话情境，进行表达，给予回应，或协助观察，给予评论。在完成空椅子对话后，咨询师再邀请来访者分享对话过程中的体验、学习与收获。空椅子技术的基本结构如图4-2所示。

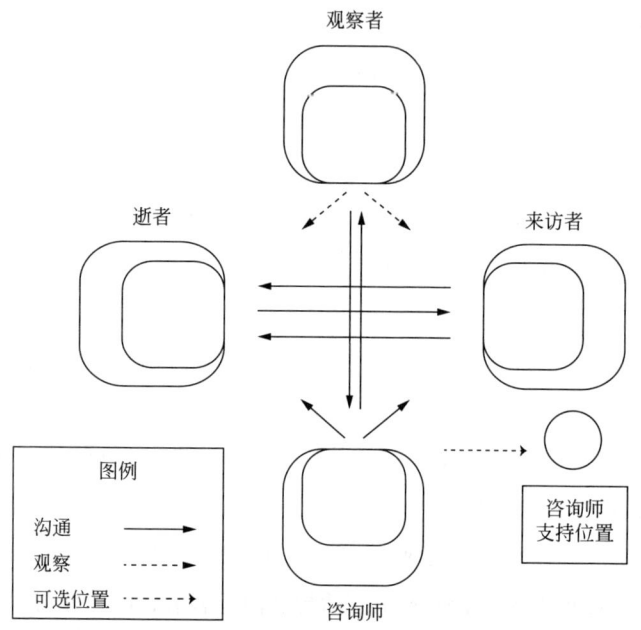

图 4-2　空椅技术的基本结构（罗伯特·内米耶尔，2016）

（三）案例

G 是一名大四学生，女，21 岁。面对毕业论文、实习及就业压力，G 近 1 个月经常情绪低落，常感到莫名的悲伤，独自哭泣，什么也不想做，觉得生活没有意思，没有动力，又感到自责、无力，学业拖延严重。G 因此来到学校咨询中心寻求帮助。

咨询师与 G 不断探索她情绪低落及莫名悲伤的原因后发现，两年前 G 的父亲因交通意外事故离世，她甚至没能见上父亲最后一面，对此，她常感到悲伤、难过、怨恨、不甘、愧疚和自责。随着对过往丧亲事件的探索，G 的抑郁情绪及强烈悲伤也逐渐变得清晰。对于父亲的意外离世，她还有着强烈的悲伤，对父亲的强烈思念、渴望，同时夹杂着怨恨、不甘、抱怨及被抛弃感，以及未能送父亲最后一程的愧疚和自责。对于她的父亲，她有太多、太多的话想要跟他说。经过确认，咨询师运用空椅子技术，引导 G 与她的父亲进行了直接对话。G 通过空椅子对话表达了对父亲的思念，完成对话后，咨询师与 G 就空椅子对话的体验及收获进行了讨论。此后，咨询师又找机会就 G 对父亲的愧疚和自责展开了空椅子对话。经过持续的空椅子对话和哀伤咨询干预，G 逐渐打开心结，痛苦得到缓解，抑郁有所好转。

【空椅子对话片段】

咨询师用手指向来访者对面，象征来访者父亲的空椅子，并将目光和身体转向空椅子的方向。

咨询师：如果此刻你的爸爸就在这里，并且他能够听到你说的话，你想跟他说些什么？

来访者：我想告诉他，我很想他……

咨询师：爸爸，我想告诉你，我很想你……

来访者：爸爸，我想说，我很想你，非常非常想你（痛哭）。

【处理对话回应】

当来访者在对话过程中，呈现出难以释怀的痛苦，并且似乎期待能得到已故亲人的回应时，咨询师可以看着来访者的眼睛，指着对面的椅子，并询问："你愿意到这里来坐一会儿吗？"在来访者坐过来后，接着说："现在，用你的声音代表你爸爸，对你刚才的表达给予回应，听到你女儿刚才跟你说的这番话，你想对她说些什么呢？"

三、隐喻

（一）适用人群

适用于想要与逝者保持持续性联结，以及有创伤性或复杂性哀伤的青少年或成人丧亲者。隐喻（metaphor）技术不适用于年龄较小或缺乏想象力的来访者。

（二）描述

隐喻的原始意义为"将一个事物转移到另一个地方"（谢之君，2007）。隐喻的机制从根本上来说是用一个事物来理解另一个事物。

生活中，隐喻式的表达随处可见。例如，"我急得像热锅上的蚂蚁"，"一想到这个问题，我感觉就像是扛了千斤的重担一样"。

隐喻具有转化的功能（transitional function）（Seligman，2007），借助两个客体或事物之间的相似性（或共同特征），隐喻可以为我们创造两个自动进行的改变过程：一个是显性的过程（意识层面）；另一个是隐性的过程（潜意识层面）。例如，"成长就像是蝴蝶破茧成蝶","成长"与"蝴蝶破茧成蝶"之间可能有某种相似性。又如,"生活就像电影一样"。这样的相似性常常用"就像""好像""就似""犹如"等来连接。这样的间接沟通,可以帮助来访者的探索从意识层面进入到潜意识层面。隐喻有时可以为我们带来思考上不期而遇的新发现,从而产生新的想象和联系(吴秀碧,2020)。如此一来,那些意识和潜意识之间共有的关系、要素、知识、特征、方向等就会被呼应、被觉察、被发现。因此,在心理咨询过程中,隐喻可以为来访者提供看待问题的新视角,可以产生新的观点,帮助促成意义重建。

在哀伤咨询领域,隐喻常常用来帮助创伤性哀伤或复杂性哀伤的丧亲者。运用隐喻技术进行干预的主要目的,一方面是帮助丧亲者用象征性的意义去表达情绪、感受及想法,促进其哀伤表达,帮助其疏导哀伤情绪;另一方面是帮助来访者获得新的视角和理解,促进其意义重建,促进其与已故亲人之间的持续性联结的重建。隐喻在哀伤咨询中之所以能为来访者带来帮助,主要原因在于:(1)隐喻可以透过形象、生动的象征性表达帮助来访者提高觉察、促成顿悟;(2)隐喻作为一种媒介或桥梁,可以帮助传递来访者内在的真实状态;(3)隐喻作为一种意识与潜意识之间的探索工具,可以帮助传递力量,发现来访者的内在动力及资源;(4)隐喻作为一种具有转化功能的语言,可以把棘手的问题包藏在隐喻之中,帮助破解阻抗、绕开其防御,为创伤性哀伤及复杂性哀伤的丧亲者提供了一种比较不具有威胁性的、安全的互动方式;(5)隐喻还可以帮助促进咨询师对来访者的深度共情。

隐喻有时是哀悼者的表达,有时是咨询师的建构,有时可能

153

是丧亲者与咨询师共同工作的结果，随着治疗的过程不断变化，透过隐喻，可以帮助哀悼者开启其心灵之门。

（三）案例

H 为男性，20 岁，国内某高校艺术院系的大三学生。H 有多年的留守经历，3 岁起，父母因工作原因将 H 交给外婆照顾，进入初中 H 才开始回到父母身边与父母共同生活。H 的外公在 2 年前因肺炎离世，H 的外婆此后开始独自生活，1 年前 H 的外婆因抑郁症自杀身亡。H 有严重的延长哀伤症状，包括强烈的悲伤，对外婆的思念和渴望，愧疚、自责及被抛弃感。两个月前 H 开始出现焦虑情绪，变得易怒，且人际冲突增加，两周前曾有一次惊恐发作，H 因而前来学校咨询中心求助。在与 H 的咨询工作过程中，咨询师与 H 使用了大量的隐喻进行工作，并取得了不错的咨询效果。经过 8 次咨询，H 的延长哀伤症状及焦虑症状得到缓解，人际关系有所缓和。

【隐喻对话片段 1】

　　来访者：只要一想到这件事（外婆自杀死亡），就很难受。

　　咨询师：如果试着给这种"难受"一个具体的形象，它看起来会像什么呢？也许是一种自然现象，或者某种物体？

　　来访者：就像是突然被抛进了冰冷、黑暗的海底，什么都看不到，完全无法呼吸。

　　咨询师：这片深海听起来令人窒息。如果仔细感受，海水的温度是怎样的？是刺骨的寒冷，还是沉重的压力？

来访者: 是黏稠的冰水，像胶水一样裹住全身，越是挣扎就越往下沉。我好想离开那里，但是我一点力气都没有，完全使不上劲（流泪）……

【隐喻对话片段2】

　　咨询师: 现在你还在那片水底里吗？

　　来访者: 是的。

　　咨询师: 现在这片海给你的感觉是怎样的？和之前一样吗？

　　来访者: 不一样，现在感觉好多了。

　　咨询师: 感觉好多了，这种"好多了"的感觉像什么？

　　来访者: 就像是……我现在戴上了一副潜水的工具，海水没有那么冰冷刺骨了，凉凉的。我能够呼吸，手脚也能动了。我看得到阳光从水面上透下来，亮亮的、水很清，借着脚蹼，我可以潜到水底，也可以游到水面……

四、本节小结

　　哀伤是普遍的，但每个人的哀悼并不相同。大学生丧亲者们在其哀伤疗愈的过程中可能各有各的修通之道。本节对绘画、空椅子及隐喻技术进行介绍，旨在为大学校园中的专业同行们介绍更多常用的哀伤干预技术，以使大家在与不同的大学生丧亲者一起工作时，能有更多的方法和选择。

　　（注：本节中的案例属于虚构的自编案例，仅用作工作展示。）

参考文献

Alves, D., Mendes, I., Goncalves, M. M., & Neimeyer, R. A. (2012). Innovative moments in grief therapy: Reconstructing meaning following perinatal perinatal death. Death Studies, 36(9), 795-818.

Alves, D., Neimeyer, R. A., Batista, J., & Gonçalves, M. M. (2017). E. Bui (Ed.), Clinical handbook of bereavement and grief reactions, Current Clinical Psychiatry. 48.

Attig, T. (1996). How we grieve: Relearning the world. New York: Oxford University Press.

Blueford, J. M., Thacker, N. E., & Brott, P. E. (2021). Creating a System of Care for Early Adolescents Grieving a Death-Related Loss. Journal of Child & Adolescent Counseling, 7(3), 207-220. https://doi.org/10.1080/2 3727810.2021.1973262.

Boelen, P. A., Keijser, J. d., Hout, Marcel A. van den, & Bout, J. v. d. (2007). Treatment of complicated grief: A comparison between Cognitive-Behavioral therapy and supportive counseling. Journal of Consulting and Clinical Psychology, 75(2), 277-284. https://doi.org/10.1037/0022-006X.75.2.277.

Boelen, P. A., van den Hout, M. A., & van den Bout, J. (2004). The role of negative interpretations of grief reactions in emotional problems after bereavement. Journal of Behavior Therapy and Experimental Psychiatry, 35(4), 337-347. https://doi.org/10.1016/j.jbtep.2004.08.001.

Bui, E. (2017). In Bui E. (Ed.), Clinical handbook of bereavement and grief reactions(1;1st 2018; ed.). Springer International Publishing AG. https://doi.org/10.1007/978-3-319-65241-2.

Chen, L., Fu, F., Sha, W., Chan, C. L. W., & Chow, A. Y. M. (2019). Mothers Coping With Bereavement in the 2008 China Earthquake: A Dual Process

Model Analysis. Omega: Journal of Death & Dying, 80(1), 69-86. https://
doi.org/10.1177/0030222817725181.

Chow, A. Y. M., Caserta, M., Lund, D., Suen, M. H. P., Xiu, D., Chan, I. K. N.,
& Chu, K. S. M. (2019). Dual-Process Bereavement Group Intervention
(DPBGI) for Widowed Older Adults. The Gerontologist, 59(5), 983-994.
https://doi.org/10.1093/geront/gny095.

Coleman, R. A., & Neimeyer, R. A. (2010). Measuring meaning: Searching for
and making sense of spousal loss in late-life. Death Studies, 34, 804-834.

Davis, C. G., Nolen-Hoeksema, S., & Larson, J. (1998). Making sense of loss
and benefiting from the experience: Two construals of meaning. Journal
of Personality and Social Psychology, 75, 561-574.

Doka, K. (2012). Therapeutic ritual. In R.A. Neimeyer (Ed.), Techniques of
grief therapy: Creative practices for counseling the bereaved , 341-343.
New York: Routledge.

Dunton, A.J. (2012). Loss timelines. In R.A. Neimeyer (Ed.), Techniques of
grief therapy , 184-186. New York: Routledge.

Eisma, M. C., Tamminga, A., Smid, G. E., & Boelen, P. A. (2021). Acute grief
after deaths due to COVID-19, natural causes and unnatural causes: An
empirical comparison. Journal of Affective Disorders, 278, 54-56. https://
doi.org/10.1016/j.jad.2020.09.049.

Folkman, S. F. (2001). Revised coping theory and the process of bereavement.
In H. Schut (Ed.), Handbook of bereavement research: Consequences,
coping, and care. Washington, DC: American Psychological Association.

Gauthier, J. G., & Marshall, W. L. (1977). Grief: A cognitive-behavioral
analysis. Cognitive Therapy and Research, 1, 39-44.

Gillies, J., & Neimeyer, R. A. (2006). Loss, grief, and the search for
significance: Toward a model of meaning reconstruction in bereavement.

Journal of Constructivist Psychology, 19(1), 31-65.

Glickman, K., Shear, M. K., & Wall, M. M. (2017). The relationship of complicated grief to attachment style and emotional reliance in a bereaved college student sample. Death Studies, 41(6), 355-362. https://doi.org/10. 1080/07481187.2017.1284955.

Greenberg, L. S.,& Foerster, F. S. . (1996). Task Analysis Exemplified.

Greenberg, Leslie, S., Malcolm, & Wanda. (2002). Resolving unfinished business: relating process to outcome. Journal of Consulting & Clinical Psychology, 70(2), 406.

Hedtke, L. (2012). Introducing the deceased. In R.A. Neimeyer (Ed.), Techniques of grief therapy: Creative practices for counseling the bereaved, 253-255. New York: Routledge.

Hofmann, S. G., Asnaani, A., Vonk, I. J. J., Sawyer, A. T., & Fang, A. (2012). The efficacy of cognitive behavioral therapy: A review of meta-analyses. Cognitive Therapy and Research, 36(5), 427-440. https://doi.org/10.1007/ s10608-012-9476-1.

Hunt, J. (2004). Sole Survivor: A Case Study to Evaluate the Dual-Process Model of Grief in Multiple Loss. Illness, Crisis & Loss, 12(4), 284-298. https://doi.org/10.1177/1054137304268336.

Ignelzi, M. (2002). Meaning making in the learning and teaching process. New Directions for Teaching and Learning, 2000(82), 5-14.

Janoff-Bulman, R. (1992). Shattered assumptions. New York, NY: Free Press.

Keesee, Nancy J., Currier, Joseph M., & Neimeyer, Robert A. (2008). Predictors of grief following the death of one's child: The contribution of finding meaning. Journal of clinical psychology, 64(10).

Komischke-Konnerup, K. B., O'Connor, M., Hoijtink, H., & Boelen, P. A.

(2023). Cognitive-behavioral therapy for complicated grief reactions: Treatment protocol and preliminary findings from a naturalistic setting. Cognitive and Behavioral Practice, https://doi.org/10.1016/ j.cbpra.2023.11.001.

Larsen, L. H. (2022). Letter writing as a clinical tool in grief psychotherapy. Omega: Journal of Death and Dying, 302228211070155-302228211070155. https://doi.org/10.1177/00302228211070155.

Leary, D. E. (Ed.). (2000). Metaphors in the history of psychology. Cambridge, UK: The University of Cambridge Press.

Lenferink, L. I. M., de Keijser, J., Eisma, M. C., Smid, G. E., & Boelen, P. A. (2020). Online cognitive-behavioural therapy for traumatically bereaved people: Study protocol for a randomised waitlist-controlled trial. British Medical Journal Open, 10(9), e035050. https:// doi.org/10.1136/ bmjopen-2019-035050.

Lichtenthal, W. G., & Cruess, D. G. (2010). Effects of directed written disclosure on grief and distress symptoms among bereaved individuals. Death Studies, 34, 475-499.

Lichtenthal, W. G., & Neimeyer, R. A. (2012). Directed journaling to facilitate meaning making. In R. A. Neimeyer (Ed.), Techniques of grief therapy, 161-164. New York: Routledge.

Lipsitz, J. D., & Markowitz, J. C. (2013). Mechanisms of change in interpersonal therapy (IPT). Clinical Psychology Review, 33(8), 1134-1147. https://doi.org/10.1016/j.cpr.2013.09.002.

Malkinson, R. (1996). Cognitive behavioral grief therapy. Journal of Rational-Emotive and Cognitive-Behavior Therapy, 14(3), 155-171. https://doi. org/10.1007/BF02238137.

Malkinson, R. (2010). Cognitive-behavioral grief therapy: The ABC model of rational-emotion behavior therapy. Psychological Topics, 19(2), 289-305. Retrieved from https://www.proquest.com/scholarly-journals/cognitive-behavioral-grief-therapy-abc-model/docview/1017879817/se-2.

Markowitz, J. C., & Weissman, M. M. (2004). Interpersonal psychotherapy: Principles and applications. World Psychiatry.

Mauro, Tumasian, R. A., Skritskaya, N., Gacheru, M., Zisook, S., Simon, N., Reynolds, C. F., & Shear, M. K. (2022). The efficacy of complicated grief therapy for DSM-5-TR prolonged grief disorder. World Psychiatry, 21(2), 318-319. https://doi.org/10.1002/wps.20991.

Mirick, R. G., & Berkowitz, L. (2023). After a Suicide Death in a High School: Exploring Students' Perspectives. Journal of Social Work in End-of-Life & Palliative Care, 19(4), 336-353. https://doi.org/10 1080/155242 56.2023.2256481.

Nam, I. (2016). The role of attachment in grief and trauma: A review of the literature. Death Studies, 40(9), 559-567. https://doi.org/10.1080/0748118 7.2016.1186765.

Neimeyer, R. A. (2000). Searching for the meaning of meaning: Grief therapy and the process of reconstruction. Death Studies, 24, 541-558.

Neimeyer, R. A. (2001). (Ed.). Meaning reconstruction and the experience of loss. Washington, DC: American Psychological Association.

Neimeyer, R. A. (2006). Widowhood, grief and the quest for meaning: A narrative perspective on resilience. In D. Carr, R. M. Nesse, & C. B. Wortman (Eds.), Spousal bereavement in late life, 227-252. New York: Springer.

Neimeyer, R. A. (2012a). The life imprint. In R. A. Neimeyer (Ed.), Techniques of grief therapy: Creative practices for counseling the bereaved, 274-276. New York: Routledge.

Neimeyer, R. A. (2016). Reconstructing meaning in mourning: Evolution of a research program. Grief Matters the Australian Journal of Grief & Bereavement.

Neimeyer, R. A. (2019). Meaning reconstruction in bereavement: Development of a research program. Death Studies, 43(2), 79-91.

Neimeyer, R. A., & Anderson, A. (2002). Meaning reconstruction theory. In N. Thompson (Ed.), Loss and grief. New York: Palgrave.

Neimeyer, R.A. (2010). The life imprint. In H. Rosenthal (Ed.), Favorite counseling and therapy techniques. New York: Routledge.

Neimeyer, R.A. (2012b). Retelling the narrative of the death. In R.A. Neimeyer (Ed.), Techniques of grief therapy ,86-90. New York: Routledge.

Neimeyer, R.A., Torres, C., & Smith, D.C. (2011). The virtual dream: Rewriting stories of loss and grief. Death Studies, 35, 646-672.

Paivio, S. C.,& Greenberg, L. S. . (1995). Resolving "Unfinished Business".

Pargament, K. I., & Park, C. L. (1995). Merely a defense? The variety of religious means and ends. Journal of Social Issues, 51, 13-32.

Reynolds, C. F., Miller, M. D., Pasternak, R. E., Frank, E., Perel, J. M., Cornes, C., Houck, P. R., Mazumdar, S., Dew, M. A., & Kupfer, D. J. (1999). Treatment of bereavement-related major depressive episodes in later life: A controlled study of acute and continuation treatment with nortriptyline and interpersonal psychotherapy. PubMed. https://doi. org/10.1176/ajp.156.2.202.

Russell, V. (2015). Complicated grief therapy in pet loss: A clinical case study (Order No. 10001960). Available from ProQuest Dissertations & Theses Global. (1758624224). Retrieved from https://www.proquest. com/dissertations-theses/complicated-grief-therapy-pet-loss-clinical-case/ docview/1758624224/se-2.

Ryan, R. M., & Deci, E. L. (2000). Self-determination theory and the facilitation of intrinsic motivation, social development, and well-being. American Psychologist, 55(1), 68-78. https://doi.org/10.1037/0003-066X.55.1.68.

Rynearson, E. K., & Salloum, A. (2011). Restorative retelling: Revisiting the narrative of violent death. In R. A. Neimeyer, D. Harris, H. Winokuer, & G. Thornton (Eds.), Grief and bereavement in contemporary society: Bridging research and practice, 177-188. New York: Routledge.

Schnyder, U., & Cloitre, M. (Eds.). (2022). Evidence based treatments for trauma-related psychological disorders : A practical guide for clinicians. Springer International Publishing AG.

Seligman, S. (2007). Mentalization and metaphor, acknowledge and grief: Forms of transformation in the reflective space. Psychoanalytic Dialogues, 17(3), 321-344.

Shannon, E., & Wilkinson, B. D. (2020). The Ambiguity of Perinatal Loss: A Dual-Process Approach to Grief Counseling. Journal of Mental Health Counseling, 42(2), 140-154. https://doi.org/10.17744/mehc.42.2.04.

Shear, K. M., Frank, E., Houck, P. R., & Reynolds, C. F. (2005). Treatment of complicated grief: A randomized controlled trial. Journal of the American Medical Association, 293(21), 2601-2608. https://doi.org/10.1001/jama.293.21.2601.

Shear, M. K. (2015). Complicated grief treatment (CGT) for prolonged grief disorder. In U. Schnyder, & M. Cloitre (Eds.), Evidence based treatments for trauma-related psychological disorders: A practical guide for clinicians; Evidence based treatments for trauma-related psychological disorders: A practical guide for clinicians (pp. 299-314, Chapter vii, 523 Pages). Springer International Publishing AG. https://doi.

org/10.1007/978-3-319-07109-1_15.

Shear, M. K., & Gribbin Bloom, C. (2017). Complicated grief treatment: An evidence-based approach to grief therapy. Journal of Rational-Emotive and Cognitive-Behavior Therapy, 35(1), 6-25. https://doi.org/10.1007/s10942-016-0242-2.

Shear, M. K., Frank, E., Foa, E., Cherry, C., & Masters, S. (2001). Traumatic Grief Treatment: A Pilot Study. American Journal of Psychiatry, 158(9), 1506-1508. https://doi.org/10.1176/appi.ajp.158.9.1506.

Shear, M. K., Reynolds, C. F., Simon, N. M., Zisook, S., Wang, Y., Mauro, C., Duan, N., Lebowitz, B., & Skritskaya, N. (2016). Optimizing treatment of complicated grief: A randomized clinical trial. JAMA Psychiatry, 73(7), 685-694. https://doi.org/10.1001/jamapsychiatry.2016.0892.

Shear, M. K., Wang, Y., Skritskaya, N., Duan, N., Mauro, C., & Ghesquiere, A. (2014). Treatment of complicated grief in elderly persons: A randomized clinical trial. JAMA Psychiatry, 71(11), 1287-1295. https://doi.org/10.1001/jamapsychiatry.2014.1242.

Stroebe, M. S., & Schut, H. (2001). Meaning making in the dual process model of coping with bereavement.

Stroebe, M., & Schut, H. (1999). The dual process model of coping with bereavement: Rationale and description. Death Studies, 23(3), 197-224.

Stroebe, M., & Schut, H. (2015). Family matters in bereavement: Toward an integrative intra-interpersonal coping model. Perspectives on Psychological Science A Journal of the Association for Psychological Science, 10(6), 873.

Supiano, K. P., & Luptak, M. (2014). Complicated grief in older adults: A randomized controlled trial of complicated grief group therapy. The Gerontologist, 54(5), 840-856. https://doi.org/10.1093/geront/gnt079.

Tedeschi, R. G., Park, C. L., & Calhoun, L. G. (1998). Posttraumatic growth: Positive changes in the aftermath of crisis. Mahway, NJ: Lawrence Erlbaum.

Thompson, S. C., & Janigian, A. S. (1988). Life schemes: A framework for understanding the search for meaning. Journal of Social and Clinical Psychology, 7, 260-280.

Thompson, R. G., & Thompson, M. R. (2018). The impact of leisure activities on the grief symptoms of bereaved adults. Death Studies, 42(3), 147-154. https://doi.org/10.1080/07481187.2017.1340065.

Towns, K. (2019). Integrating selected components of narrative therapy and cognitive behavioral therapy within a meaning making framework to address complicated grief in adult females (Order No. 22592375). Available from ProQuest Dissertations & Theses Global. (2303231457). Retrieved from https://www.proquest.com/dissertations-theses/integrating-selected-components-narrative-therapy/docview/2303231457/se-2.

Webster, J. D., & Deng, X. C. (2015). Paths from trauma to intrapersonal strength: Worldview, posttraumatic growth, and wisdom. Journal of Loss and Trauma, 20(3), 253-266.

Weissman, M. M., Markowitz, J. C., & Klerman, G. L. (2017). The guide to interpersonal psychotherapy: Updated and expanded edition. Oxford University Press.

Wetherell, J. L. (2012). Complicated grief therapy as a new treatment approach. Dialogues in Clinical Neuroscience, 14(2), 159-166. https://doi.org/10.31887/DCNS.2012.14.2/jwetherell.

White, M. (1989). Saying hullo again. In M. White (Ed.), Selected papers. Adelaide, Australia: Dulwich Center Publications.

Wyman-Chick, K. A. (2012). Combining Cognitive-Behavioral Therapy and Interpersonal Therapy for Geriatric Depression With Complicated Grief. Clinical Case Studies, 11(5), 361-375. https://doi.org/10.1177/1534650 112436679.

E. C. 斯坦哈特 . (2009). 隐喻的逻辑 : 可能世界中的类比 (黄华新，徐慈华等). 杭州 : 浙江大学出版社 .

J. 沃登·威廉著 . 王建平，唐苏勤等译 . (2022). 哀伤咨询与哀伤治疗 (原书第 5 版). 北京 : 机械工业出版社 .

罗伯特·内米耶尔 . (2016). 哀伤治疗 . 北京 : 机械工业出版社 .

吴秀碧 . (2020). 失落、哀伤咨商与治疗 : 客体角色转化模式 . 台北 : 五南图书出版股份有限公司 .

谢之君 . 西方思想家对隐喻认知功能的思考 [J]. 上海大学学报 (社会科学版), 2007, (1):131-135.

许海燕，黄希庭 . (2007). 人际心理治疗的发展 . 心理科学进展 , 6, 923-929.